U0261703

化学链燃烧源头
抑制二噁英生成技术

HUAXUELIAN RANSHAO YUANTOU
YIZHI EREYING SHENGCHENG JISHU

王金星　钱江波　李　强　著

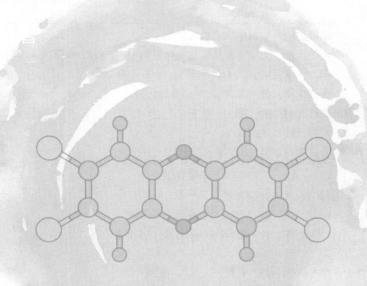

中国电力出版社
CHINA ELECTRIC POWER PRESS

内 容 提 要

固体垃圾能源利用是"变废为宝"策略的重要方面，尤其在化石燃料日益匮乏的趋势下尤为重要。在"双碳"目标政策导向下，化学链燃烧方式由于其独特的流程已引起了学者广泛关注。在此背景下，本书从二噁英生成机理出发，分别从热力学测试以及反应器测试与设计，再到实验验证以及理论推导，对化学链燃烧源头抑制二噁英生成技术进行了详细的阐述，期望为后续该技术的工程应用提供理论指导。

本书可作为电力、能源、环境、化工等相关专业的技术人员、管理人员参考用书，也可供院校能源与环境相关专业的师生学习阅读。本书重点适合从事化学链燃烧技术及二噁英控制理论研究的科研人员阅读。

图书在版编目（CIP）数据

化学链燃烧源头抑制二噁英生成技术/王金星，钱江波，李强著 . —北京：中国电力出版社，2023.8
ISBN 978-7-5198-7654-8

Ⅰ.①化…　Ⅱ.①王…②钱…③李…　Ⅲ.①二噁英-有机污染物-污染防治　Ⅳ.①X5

中国国家版本馆 CIP 数据核字（2023）第 047913 号

出版发行：中国电力出版社
地　　址：北京市东城区北京站西街 19 号（邮政编码 100005）
网　　址：http：//www. cepp. sgcc. com. cn
责任编辑：孙　芳（010－63412381）
责任校对：黄　蓓　朱丽芳
装帧设计：王英磊
责任印制：吴　迪

印　　刷：三河市万龙印装有限公司
版　　次：2023 年 8 月第一版
印　　次：2023 年 8 月北京第一次印刷
开　　本：787 毫米×1092 毫米　16 开本
印　　张：8.5
字　　数：192 千字
印　　数：0001—1000 册
定　　价：65.00 元

版 权 专 有　侵 权 必 究

本书如有印装质量问题，我社营销中心负责退换

前　言

固体垃圾能源利用是"变废为宝"策略的重要方面，尤其在化石燃料日益匮乏的趋势下尤为重要。在"双碳"目标政策导向下，化学链燃烧方式由于其独特的流程已引起了学者广泛关注。

在此背景下，本书从二噁英生成机理出发，分别从热力学测试以及反应器测试与设计，再到实验验证以及理论推导，对化学链燃烧源头抑制二噁英生成技术进行了详细的阐述。具体内容包括：第1章，重点介绍了二噁英的生成机理以及现有的抑制方法，并介绍了化学链燃烧的特点从而引出本书所论述的理论基础；第2章，从热力学层面对化学链燃烧抑制二噁英的可行性进行了初步判定，并对氧载体的选择进行了前期分析；第3章和第4章，分别通过实验手段进一步验证了该技术抑制二噁英的理论基础，并证实了该技术的可行性，以及进一步优化的指导方向；第5章，从数学建模角度对二噁英的生成机理展开深入探索，分别对二噁英异构体间、固体垃圾调质气态组分以及取代概率等方面进行了剖析；第6章，从量子化学角度，分别从组分调控和结构调控等方面，对源头抑制二噁英进行理论指导；第7章，通过对已有的工作进行综合评论，并对后续的潜在应用方式作出了推测。

本书主要由王金星博士编写，结合了华中科技大学煤燃烧国家重点实验室读博学位期间的研究成果，以及入职到华北电力大学所申请的河北省自然科学基金和中央高校基金的支持，对其理论基础进行了系统分析。同时华北电力大学（保定）钱江波老师和南京理工大学李强老师共同参与了整部专著构架设计，重点参与了固体垃圾调质部分的著作。在量子化学计算方面，得到了河北师范大学侯美伶老师理论指导与实操协助，在数学建模方面分别得到了中国航天科工集团第二研究院七〇六所曹斌老师以及华北电力大学张少强同学的帮助，同时汇集整理环节有河北师范大学张文杰、胡鍪、周兴、王艺媛、林雨楠、唐玉红、范晗雨、徐健聪以及华北电力大学（保定）王鑫磊、邢佳颖等数位老师和同学协助整理。

化学链燃烧源头抑制二噁英生成机理与调控机制，属于新兴技术领域，覆盖面广泛，是一项系统性工程，涉及的一些关键技术仍在研发攻关阶段，产业模式还有待进一步明晰，因此书中难免存在不当之处，敬请读者见谅，并给予宝贵意见。

编者

2023 年 6 月

目　录

空气

绪　　论

1.1　二噁英生成与抑制机理

1.1.1　二噁英生成机理的认识

自 1976 年意大利萨维索（Seveso）事件[1]以来，二噁英（PCDD/Fs）所带来的环境污染问题开始被人们所认识。1977 年 Olie 等[2]在检测垃圾焚烧的飞灰和烟气时，首次发现了 PCDD/Fs 的存在。为保护人类生存环境，2001 年国际社会缔结的《关于持久性有机污染物（POPs）的斯德哥尔摩公约》（POPs 公约）中明确指出对 PCDD/Fs 等 12 种 POPs 给以限制或禁止生产和使用[3]。根据我国《生活垃圾焚烧污染控制标准》（GB 18485—2014），PCDD/Fs 的排放需要控制在 0.1ng TEQ/Nm³ 以下，与欧盟[4]相同。由此可见，进一步探索低 PCDD/Fs 排放技术已迫在眉睫。

认识 PCDD/Fs 的生成路径是改进现存技术和探索新技术的基础。PCDD/Fs 是两类芳香族多苯环碳氢化合物，它们一共包括 210 种不同的化合物，其中 PCDDs 有 75 种，PCDFs 有 135 种[5]，其分子结构和主要生成路径如图 1-1 所示[6]。学者普遍认为氯原子在 2、3、7、8 位取代的 17 种异构体具有毒性[5,7]，称为有毒异构体，为此，17 种毒性 PCDD/Fs 受到了更多的关注。根据 PCDD/Fs 的排放特性发现，氯苯[8,9]、氯酚[10~12]以及多氯联苯[13]等氯化前驱体（以下简称前驱体）可作为 PCDD/Fs 生成的指示剂，这表明前驱体是 PCDD/Fs 生成过程的主要中间产物，通过特定的路径（①和②）可转为最终的毒性 PCDD/Fs。根据转化温度和场所的不同，又将前驱体转化过程分为了高温气相转化（①，温度区间 500～800℃[14]）和低温异相合成［②，温度区间 200～500℃[12,14-15]，受金属（Me）的催化作用］，其中由于反应温度区间不同，前驱体的来源也分别为高温的气相转化[16]（⑤）和低温的异相合成[17]（⑥）。燃烧不充分往往会生成大量的氯化前驱体[18]，而这些前驱体转化合成 PCDD/Fs 的速度远大于从头合成方式[19]。另外，有研究表明，也有部分 PCDD/Fs[14]能够直接来源于烃类、酚类等气态组分在氯源的作用下氯化生成（③）以及 CO、CO_2 等燃烧产物在飞灰表面催化金属的作用下与残炭、O_2 和氯源反应异相合成[20]（④）。可以发现，无论是高温气相转化（③和⑤）还是低温异相合成（④和⑥），氯源（HCl 和 Cl_2）都是关键因素，有研究表明，固体燃料在高温条件下主要以 HCl 的形式[21]（⑧）释放氯元素，而在有 O_2 的条件下，可通过 Deacon 反应[22]（⑦）转化为 Cl_2，且 Cl_2 具有的活性远高于 HCl[14]，进而能够促进 PCDD/Fs 生成过程中的氯化作用。此外，O_2 是低温异相合成前驱体以及 PCDD/Fs 所需的气态氧源。Xia Guan 等[10]在空气气氛下进行了前驱体单氯酚不同飞灰 Fe_2O_3 含量（1%～4%）下的燃烧实验，证实了尾气中 PCDD/F 含量与飞灰表面 Fe_2O_3 含量呈正相关。由此可见，气态氧源（O_2）、氯源（HCl 和 Cl_2）、反应温度以及催化金属在传统焚烧条件下的 PCDD/Fs 生成过程中起到了关键性作用。针对影响 PCDD/Fs 生成的关键因素方面，已有学者分别从氧源、氯源（无机氯和有机氯）、反应温度以及催化金属等方面进行了深入探索。

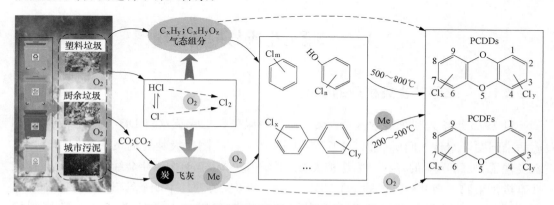

图 1-1　固体燃料焚烧过程中 PCDD/Fs 的生成路径

（1）氧源。O_2 被认为是 PCDD/Fs 生成的重要氧源。有学者研究显示当 O_2 浓度从零到 2mol.%时，PCDD/Fs 的生成速率与氧浓度的变化可认为呈正比关系，并认为 O_2 的作用是首先开启碳的气化，之后进行重新排列生成 PCDD/Fs[23]。Addink 等[24]研究发现 O_2 对大分子结构的氧化作用最终导致 PCDD/Fs 生成。然而，Ma H. T. 等[25]对城市固体废弃物焚烧中 PCDD/Fs 排放进行了检测，结果发现，在缺氧条件下，PCDD/Fs 的生成很低，随着氧浓度的增加呈明显地上升趋势，其达峰的浓度是 33%。Zhang M. M. 等[26]以氯苯为前驱体研究发现，O_2 对转化为 PCDD/Fs 的影响是正向、反向还是关系不大，主要取决于催化系统。本文作者[27]在无氧气氛下进行了铁基氧载体下塑料垃圾的化学链燃烧实验，结果发现，在无氧气氛下生成 PCDD/Fs 量是空气条件下焚烧产生 PCDD/Fs 量的 80%。通常认为，不完全燃烧产生的积碳是生成 PCDD/Fs 的重要碳源，进而推测，O_2 对 PCDD/Fs 生成的影响是降低积碳含量和提供气态氧源的双重作用，同时由于氧气具有较强的电负性[28]，能够妨碍电子进入 C-Cl 键内，不利于 PCDD/Fs 脱氯降解。此外，O_2 不是生成 PCDD/Fs 的唯一氧源，金属氧化物内的晶格氧也能够作为生成 PCDD/Fs 的氧源[10]。Wang 等[29]认为无论是催化剂中的氧，还是反应气氛中的氧都是参与催化氧化的必要组分，并且化学吸附氧和晶格氧键能都与催化活性相关。

（2）氯源。无论是有机氯还是无机氯，作为氯源，均可作为 PCDD/Fs 生成的必要元素。Wang 等[30]利用吉布斯最小自由能原理，通过分析苯环与 HCl 和 Cl₂ 的取代过程认为，Cl₂ 更容易发生氯取代作用，特别在自由氧存在的条件下，更易生成氯苯。Claudia 等[31]认为 Cl 原子在 OH 的条件下更容易生成活性氯，最后通过提高中间产物的氯化程度增加 PCDD/Fs 的生成。Zhan 等[32]则认为 HCl 既有抑制作用，同时也可以通过低温异相合成带来促进作用，而 Cl₂ 容易转化为 Cl，因此更容易生成 C-Cl 键。氯源不仅被认为可通过氯取代作用生成 PCDD/Fs[33]，也可以在金属催化剂的作用下通过低温异相合成方式生成 PCDD/Fs[20]。综上所述，氯源在 PCDD/Fs 的生成过程中发挥着重要作用，其中包括氯取代作用和通过提供活性氯以低温异相合成路径生成 PCDD/Fs。因此可以通过控制氯源以及降低活性氯来控制 PCDD/Fs 生成。

（3）反应温度。如前所述，反应温度区间与 PCDD/Fs 生成路径有着密切的联系。Mosallanejad 等[34]研究二氯酚在二氧化硅表面催化氧化生成 PCDD/Fs 发现，当温度低于 250℃时，没有检测到 PCDD/Fs。Potter 等[35]在研究一氯酚在氧化铝和硅酸铝表面的催化生成 PCDD/Fs 发现，超过 70% 的 PCDD/Fs 生成在飞灰表面且主要集中在燃烧后 200～600℃的温度区间。事实上，无论是低温异相合成路径还是高温气相合成路径，都需要一个合适的温度区间，且往往存在一个最佳的温度点。例如，Lin 等[15]认为低温异相合成的主要温度区间为 250～400℃，而 Guan 等[10]认为高于 600℃时 PCDD/Fs 主要是从分子前驱体气相生成，温度为 100～500℃时主要是燃烧后反应区的表面催化生成。一般认为，前驱体转化的温度上限是 800℃[18]，这是因为温度高于 800℃后，PCBs 等前驱体能够完全转化成 HCl、CO、CO₂ 和 H₂O[13]。此外，低温异相合成路径本身是碳质物质的氯化作用与氧化断裂过程同时进行的表现，Peng 等[36]研究发现，当温度高于 400℃，PCDD/Fs 的分解比合成更迅速，Chen 等[37]认为，在催化金属和无机氯源存在的条件下，低温异相合成的最大反应速率发生在 300℃。

（4）催化金属。除了为 PCDD/Fs 提供晶格氧，金属元素本身对 PCDD/Fs 的生成可表现为一定的催化作用，通过能够影响 PCDD/Fs 生成的起始温度[12]。Calderon 等[38]研究发现，纳米 0 价铁能够促进 PCDD/Fs 的生成，更容易促进 7、8 位置发生氯取代。Guan 等[10]研究一氯酚在热解条件下生成 PCDD/Fs 特性时发现，随着铁含量的增加，PCDD/Fs 呈指数增加。氧化铁表面更易生成 PCDFs，而 CuO 表面更易生成 PCDDs。Potter 等[12]认为 CuO 影响着同系物的特性，Fe₂O₃ 影响着 PCDD/Fs 的产量。此外，根据一氯酚催化生成 PCDD/Fs 的实验表明，铜铁混合金属相比于单一金属氧化物具有更高的活性。这是因为铜铁混合金属形成了铜铁间电子的相互作用，增加了 Mars-Van Krevelen 型的氧化。混合催化金属还能够降低 PCDD/Fs 的生成温度。在铁催化的条件下 PCDD/Fs 在 300℃开始生成，在铜催化条件下是 350℃，而在铁铜混合条件下能够降低至 200℃。Liu 等[17]认为当 Cu/Fe 质量比为 10∶1 时，CuO 和 Fe₂O₃ 即可表现出对 PCDD/Fs 生成的协同影响。其中，CuO 是氯化芳香烃生成的主要催化剂，而 Fe₂O₃ 在协同催化中的作用是提供晶格氧用于碳基质的氧化和氯化。此外，有些金属氧化物能够抑制 PCDD/Fs 生成。例如，PbO 的抑制机理在于 PbO 能够抑制碳基的氧化，阻塞 CBzs 的生成[17]。还有，催化金属的形态也是关注的重点。Zhang 等[26]通过分别对比

Cd、Cr、Cu、Ni 和 Zn 的金属氧化物和氯化物对氯酚前驱体生成路径的影响,结果表明,相比于金属氧化物,氯酚转化途径更易受氯化金属的影响。

有研究发现,PCDDs 与 PCDFs 的生成机理存在差异[19],因此在研究 PCDD/Fs 排放源时,通过计算 PCDDs 与 PCDFs 的比例可部分反映该排放源内生成路径的主次关系。本书作者[27]在对比有 O_2 燃烧和无 O_2 燃烧时发现,无 O_2 燃烧不仅降低了 PCDFs 生成,同时也改变了 PCDDs 与 PCDFs 的分布特点,证实了 O_2 对 PCDD/Fs 生成路径的影响,如图 1-2 所示。目前对 PCDD/Fs 分布特性的区分,不仅包括 PCDDs 和 PCDFs 两类同系物,已开始关注同系物的氯化程度、取代位置以及蒸汽分压等方面。例如,Gao 等[39]通过分析生物质烘焙过程中 PCDDs 分布特性发现,高氯化异构体更多地存在于焦炭中,低氯化异构体更多地存在于气相中。Li 等[40]认为,无论在烟气还是在飞灰中,2、3、7、8 氯取代的毒性 PCDD/Fs 与没有在 2、3、7、8 位置上取代的 PCDD/Fs 存在相似的生成路径,但没有 2、3、7、8 位置上取代的 PCDD/Fs 可能比 2、3、7、8 位置上取代的 PCDD/Fs 与气相阶段关联度更高[41]。也有学者发现,PCDD/Fs 同系物的 1、9 位置不易发生氯取代,这主要因为反应部位受到了毗邻氧原子的位阻现象[40],而氧原子比碳原子和氯原子具有较强的电负性[28],同时附加的电子能够破坏 C-Cl 键,之后释放 Cl 原子。需要指出的是,在 PCDD/Fs 排放过程中,存在着飞灰等固体颗粒物对其产生吸附和解析作用,即记忆效应[42],且这种记忆效应能够改变 PCDD/Fs 分布。

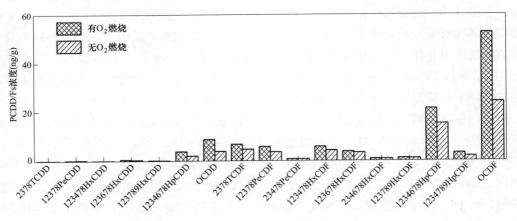

图 1-2　PCDDs 与 PCDFs 的分布特性

1.1.2　抑制二噁英生成的有效措施

(1) 活性炭吸附技术。活性炭吸附技术主要用于布袋除尘器内,用于吸附烟气中的 PCDD/Fs[43]。活性炭由于其较大的比表面积和孔结构,对已生成的 PCDD/Fs 具有较强的吸附作用。Zhou 等[44]利用己烷制备了活性炭,并用其对飞灰所制备的溶液进行 PCDD/Fs 吸附,结果发现,活性炭对 PCDDs 和 PCDFs 的吸附作用具有一定的差异,但吸附效率均高于 94%。Liu 等[45]将活性炭喷射到铁矿石烧结厂的布袋除尘器内,通过对比活性炭喷入前后 PCDD/Fs 分布特性发现,投入活性炭使得总的毒性当量降低

91.61%～97.36%。由此可见，活性炭吸附技术对控制 PCDD/Fs 排放具有较高的效率。事实上，活性炭吸附技术仅仅是将气相 PCDD/Fs 转移到固相，而没有抑制 PCDD/Fs 生成。因此活性炭吸附技术本身具有一定的缺陷性。首先，飞灰中高浓度的 PCDD/Fs 将是处理飞灰的又一问题，同时活性炭本身也为 PCDD/Fs 的生成提供了碳源[46]。其次，活性炭对 PCDD/Fs 的吸附作用受到异构体蒸气压的影响，高氯代 PCDD/Fs 具有更低的蒸气压，而更容易被活性炭吸附[14]。活性炭选择性吸附特点所引发的记忆效应将改变着异构体的信号浓度，不利于对 PCDD/Fs 生成路径的判断。此外，添加活性炭大大提高了运行成本。Lin 等[47]以流化床城市固体垃圾焚烧炉为例，为控制烟气中 PCDD/Fs 的排放所需要的活性炭为 3000mg/m³。同时，活性炭吸附技术的运行条件比较严格也大大增加了运行成本[48]。也有学者在活性炭预处理方面进行了有益探索。例如，Atkinson 等[49]采用了氢处理碳，其作用机理为活性炭表面增加的官能团能够通过脱氯作用达到对 PCDD/Fs 的破坏效果。由此可见，尽管活性炭本身对 PCDD/Fs 具有较高的吸附效率，但其未能实现对 PCDD/Fs 生成的抑制作用，始终是该技术的核心问题。同时，其高成本也有待学者进一步探索和改进。

（2）抑制剂技术。根据 PCDD/Fs 生成机理，现有抑制剂技术分别从降低氯元素活性（或者固定氯元素）和催化金属中毒两方面对 PCDD/Fs 生成进行抑制，主要包括钙基抑制剂、氮化物抑制剂和硫化物抑制剂。其中，钙基抑制剂和氮化物抑制剂的作用机理是固定氯元素，而硫化物抑制剂不仅可以降低氯源的活性还可以使催化金属中毒。钙基抑制剂固定氯元素主要是将包括 HCl 和 Cl_2 内在的活性氯源转化为 $CaCl_2$，其反应式[25]，如图 1-3（a）所示。Ma 等[25]认为，钙基抑制剂抑制 PCDD/Fs 排放的机理在于燃烧反应区内的吸附以及破坏其结构。也有学者[28]认为，金属 Ca 产生自由电子，能够在 PCDD/Fs 机械化学降解过程破坏 C-Cl 键。而氮化物抑制剂在高温中通过释放出 NH_3，可将 HCl 或 Cl_2 固定成 NH_4Cl[50,51]，如图 1-3（b）所示。硫化物抑制剂的作用机制在于其高温条件下产生了 SO_2，SO_2 不仅能够将 Cl_2 还原为活性相对较低的 HCl［见式（1-1）］也能够导致催化金属中毒［见式（1-2）和式（1-3）］[52]。Wang 等[53]检测高氯含量垃圾焚烧炉的尾气发现，当添加 CaO 的量达到 Ca/Cl 比为 17.7 时，PCDD/Fs 的抑制率能够达到 87.2%。硫脲是一种典型的 S-N 抑制剂，在高温条件下能够同时释放 NH_3 和 SO_2。Zhan 等[51]通过检测城市固体垃圾焚烧炉的 PCDD/Fs 排放发现，当（S+N）/Cl 在 9.4 左右的时候，抑制效率可达到 87%。Ma 等[25]通过对比不同抑制剂效果发现，尽管不同抑制剂均可以达到较高的抑制效果，但 S 能够明显地抑制 HpCDD/Fs 生成，而 CaO 能够明显地抑制 HxCDD/Fs 生成。这表明抑制的作用效果具有一定的选择性。另外，硫化物抑制剂产生的 SO_2 在氧化气氛下能够进一步生成 SO_3，而 SO_3 能够通过氧化分解作用降解部分 PCDD/Fs 或者其前驱体。Fujimori 等[50]认为硫化物抑制剂还能够与催化金属铜反应生成 CuS 和 Cu_2S，达到催化金属中毒的作用。也有学者[54]认为 N 和 S 形成的酸性环境是抑制 PCDD/Fs 生成的主要原因。综上所述，现有的抑制剂主要涉及降低氯源活性、催化金属中毒以及对 PCDD/Fs 或者前驱体的氧化分解。而在控制 PCDD/Fs 生成必要因素的氧源和碳源等方面还未涉及，结合已有的报道表明，氧源和不充分燃烧产生的碳源能够导致 PCDD/Fs 的大量产生，这将是进一步探索抑制剂的潜在方向。

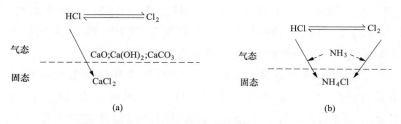

图 1-3　钙基抑制剂和氮化物抑制剂的抑制原理

$$Cl_2 + SO_2 + H_2O \longleftrightarrow 2HCl + SO_3 \tag{1-1}$$

$$2CuO + 2SO_2 + O_2 \longleftrightarrow 2CuSO_4 \tag{1-2}$$

$$2CuCl_2 + 2SO_2 + O_2 + 2H_2O \longleftrightarrow 2CuSO_4 + 4HCl \tag{1-3}$$

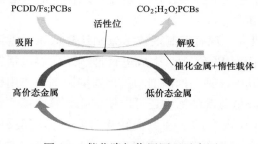

图 1-4　催化降解作用原理示意图

（3）催化降解技术。一般来说，对 PCDD/Fs 催化降解需要载体表面存在过渡金属氧化物，其作用原理[29,46]如图 1-4 所示。例如，VO_x 具有充足的活性位，$V \Longrightarrow O$ 官能团具有对 PCDD/Fs 的亲核吸附作用。催化剂的作用是提供吸附 PCDD/Fs 的活性位，以及活性晶格氧，另外催化剂减少了降解所需要的能量，使反应开始变得容易。

目前对催化降解研究的技术参数见表 1-1。其中，Ji 等[43]以 V_2O_5-WO_3/TiO_2 为催化剂，在 200℃条件下获得了 PCDD/Fs 降解效率可达到 82.4%，当氯苯和氯酚添加量从 2ppmv 增加到 2000ppmv 时，其降解效率呈下降趋势。同时发现碳沉积的发生对催化氧化活性有消极的影响，认为氯和焦炭对活性钒位的影响可能是重要的原因，而在氧气或者空气条件下催化剂再生时，又可通过移除积碳提高催化剂的活性。Zhan 等[55]以 VO_x-CeO_x/TiO_2 为催化剂，在 180～240℃区间进行实验发现，随着温度增加，降解效率从 55.7% 增加到 76.9%。在气氛中增加 500ppm 的臭氧，PCDD/Fs 的移除效率能够进一步提高（200℃时为 97.4%；240℃时为 98.8%），认为其作用机理为，增加臭氧能够将有机中间产物进一步氧化成 CO_2、H_2O 和 HCl。Zhan 等[56]以 V_2O_5-WO_3/TiO_2 为催化剂，在 200℃条件进行了十组实验，结果发现，烟气成分和催化剂种类对降解效率（8.0%～91.7%）有明显的影响，并发现该催化剂对高氯取代的 PCDD/Fs 具有更好的降解效果，认为高氯取代的 PCDD/Fs 更容易吸附到 VWTi 催化剂的表面。该研究团队[32]以 V_2O_5-WO_3/TiO_2 为催化剂，分别讨论了 HCl 和水蒸气的添加对催化降解 CBzs 以及 PCDD/Fs 的影响。结果发现，该催化剂对 CBzs 的降解效率为 19.0%～74.6%，对 PCDD/Fs 的降解效率为 48.1%～71.5%，并认为 HCl 和水蒸气的存在均降低降解效果。Wang 等[29]以 CuO_x/TiO_2 为催化剂，进一步分析添加碳纳米管（CNTs）

的作用，结果发现，碳纳米管能够催化 CBzs 的氧化并使反应温度更低。Wang 等[57]认为，碳纳米管对 PCDD/Fs 强烈的吸附作用以及碳纳米管表面含氧自由基的稳定性将延长了 PCDD/Fs 与臭氧降解后含氧种类接触时间，所添加的臭氧被捕捉和降解在催化剂的表面，能够进一步提高碳纳米管催化活性。然而，添加臭氧所带来的挑战是更多的能量消耗和环境污染。

综上所述，催化降解明显受到反应气氛和反应温度的影响，同时催化剂的种类也有多种组合。但影响催化活性的两个根本因素在于载氧能力和氧传递能力，前者是由催化金属的氧化态和还原态决定，后者是设定运行条件下对氧的束缚能。因此，催化降解技术将朝着更大的载氧能力和更低的束缚能方向优选催化金属及其运行条件。

表 1-1 催化降解主要技术参数

有机物种类	催化剂种类	温度区间	降解效率	参考文献
PCDD/Fs	V_2O_5-WO_3/TiO_2	200℃	82.4%	[43]
PCDD/Fs	VO_x-CeO_x/TiO_2	180~240℃	55.7%~76.9%	[55]
PCDD/Fs	V_2O_5-WO_3/TiO_2	150~300℃	48.1%~71.5%	[32]
二氯苯	CuO_x/TiO_2	150~350℃	23%~94%	[29]
	CuO_x/TiO_2-CNTs		77%~96%	
PCDD/Fs	VO_x/TiO_2	200℃	75.0%	[46]
	WO_x/TiO_2		47.2%	
	MoO_x/TiO_2		46.5%	
	MnO_x/TiO_2		53.4%	
PCDD/Fs	V_2O_5/TiO_2-CNTs	150~320℃	17.3%~78.0%	[58]

（4）其他控制技术。为对已生成 PCDD/Fs 分子结构进行降解破坏，近年来已有学者也尝试了其他控制技术，主要包括机械化学降解、微波降解以及加氢脱氯技术等。Li 等[59]以 Fe/Ni-SiO_2 为添加剂采用水洗和球磨法对飞灰中 PCDD/Fs 的移除效率可达到 93.2%。其中水洗过程主要是移除飞灰中的 K、Na、Cl 和 Br。Chen 等[60,61]认为飞灰中包含的 Cl 离子对机械脱氯和 PCDD/Fs 结构破坏具有不利影响，而添加剂会与 POPs 苯环化合物反应产生氯化物，采用水洗法移除氯化物的作用就在于消除其对 PCDD/Fs 降解的影响。此外，Chen 等[28]分别对 SiO_2-Al、SiO_2-Mg、SiO_2-Fe、CaO-Al、CaO 和 MnO_2 六种添加剂进行了机械化学降解 PCDD/Fs 的实验，结果发现该六种添加剂的作用是破坏 C-Cl 键，随后释放 Cl 原子。以 CaO-Al 添加剂为例，Chen 等[60]认为 CaO 的官能团能够传递电子到 POPs 上，而 Al 最可能是 CaO 的电子源，加速电子之间的传递。Wei 等[62]利用 2100W 功率的微波处理飞灰 7min 发现，质量降解效率能够达到 99.6wt%，毒性当量降低效率为 99.7%。Qiu 等[63]以 5wt% Na_2HPO_4 溶液为添加剂进行了微波法降解 PCDD/Fs 的研究，并认为在微波法过程中，氯化反应和脱氯反应以及有机物分子结构破坏过程是同时发生的，而采用添加剂对 PCDD/Fs 的降解具有一定的选择性。Liu 等[48]以 Pb/Al_2O_3 为添加剂进行了 PCDD/Fs 的催化加氢脱氯研究，结果

表明，通过添加甲醇能够使原来的降解效率从 53.21% 提高到 71.86%。可以发现，机械化学降解技术、微波降解技术以及加氢脱氯技术均通过 C-Cl 键断裂以实现 PCDD/Fs 的降解，而技术的运行成本可能是其技术推广所需关注的焦点。

1.2 量子化学分析芳香衍生物生成路径

PCDD/Fs 的催化降解技术不仅克服了传统活性炭吸附法只实现污染物转移的弊端，能够彻底高效降解二噁英，同时它所需的催化降解温度较低、能耗小、适用范围广。Mn 基催化剂是降解二噁英的较好的催化剂。一系列 Mn-Ce 复合氧化物催化剂和 MnO_x 催化剂均采用氧化还原法制备，即用高锰酸钾与金属活性组分的前驱体在水溶液中发生氧化还原反应，生成金属氧化物沉淀。具体制备方法如下：将一定量的 50% 的 $Mn(NO_3)_2$ 水溶液和 $Ce(NO_3)_3 \cdot 6H_2O$ 的前驱体盐充分溶解于 130mL 去离子水中，再滴定到 5% 过量 0.1mol/L 的 100mL 高锰酸钾溶液，同时添加 1mol/L 的 KOH 溶液调节 pH 至 8，室温搅拌 6h，用去离子水和乙醇抽滤洗涤，过夜烘干，300℃ 煅烧 3h 得到锰铈二元复合氧化物，记为 $MnCeO_x$[64] 面对苛刻的环境多相催化条件，高效催化剂研究的出路在于能够在理论的指导下设计出低温高活性和高选择性的催化剂。如 MnCe-CoO_x/PPS 催化滤料在低温下对二噁英表现出优秀的氧化活性，200℃ 温度条件下催化滤料对 136 种 PCDD/Fs 的脱除效率和降解效率分别达到 94.8% 和 78.0%[65]。这必然要求研究者对多相催化的微观过程如反应机理和催化活性中心结构有深入了解。

量子化学目前正成为化学结构理论的基础，成为广大化学家所使用的工具。微观的方法就是指在原子水平上在原子分子水平上对化学现象、本质进行理论和实验研究，而理论方法中的量子化学方法和结构化学方法是从微观研究化学的左右手。量子化学设计催化剂在提供分子的性质和分子间相互作用的定量信息的同时，也致力于深入了解那些不可能完全从实验上观测的化学过程。通过 DFT 计算及氯苯水解降解稳定性测试，可以证明磷酸酸化处理的催化剂通过表面磷酸根基团与氧空位的高效匹配与协同，在水蒸气的作用下，可有效催化水解降解氯苯，在 250℃ 以下可实现氯苯的稳定降解，并避免二氯苯，甚至是二噁英等剧毒副产物的生成。量子化学计算方法对催化剂的设计有着重要意义[66]。从量子化学角度计算二噁英的生成与降解的能量势垒是分析其前驱体迁移转化的重要方法。目前从量子化学分析的主要过程包括物理吸附与解吸、气相催化合成、气相催化降解、异相催化合成和异相催化降解，其原理如图 1-5 所示。

1.2.1 物理吸附与解析方面

物理吸附与解吸，主要是指二噁英物质在飞灰颗粒表面的物理吸附与解吸过程，也是其发生化学反应的准备阶段。邹海凤[67]运用量子化学方法对二噁英与碳纳米管相互作用不同取向进行了研究，通过密度泛函理论计算得到的 TCDD 的静电势图，结果发现正电势区域对应于氧原子与两个苯环形成的环中心，这主要是由于氯原子和氧原子的影响，使苯环中心的电势发生了变化，同时使得负电势区域主要集中在氯原子和氧

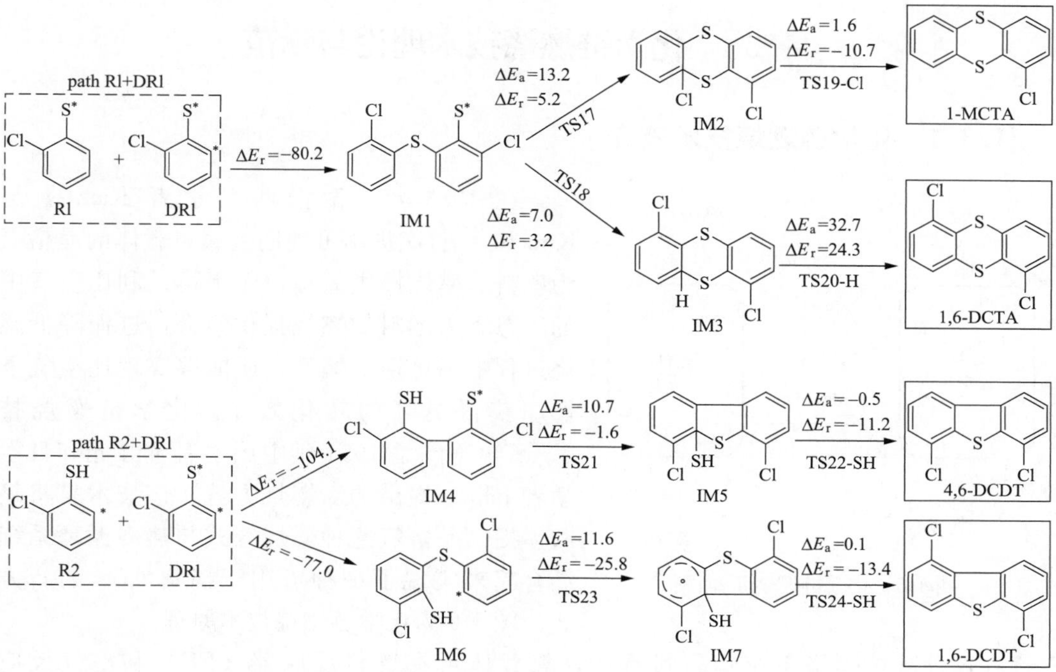

图 1-5　硫原子取代氧形成 PCDT/TA 过程

原子的周围。当考虑二噁英与表面结合时，同时要考虑 π～π 相互作用和静电相互作用。

1.2.2　催化合成与降解

气相催化合成与降解，其合成过程主要是指物质低温燃烧或局部缺氧不完全燃烧时，会产生不完全燃烧产物，例如多氯联苯、氯苯、氯酸等，这些产物通过耦合环化、取代、氯化等反应，会合成二噁英，例如，Yu 等[68]研究发现，从能量的角度比较了硫化和加氧二噁英体系的形成机制，表明与 PCDD/Fs 的过程相比，用硫原子取代氧大大降低了 PCDT/TA 形成过程控速步骤的反应能垒。降解过程主要是指自由基与有机污染物之间的加合、取代、电子转移等过程将污染物全部降解为无机物的过程。例如，龚锦[69]通过研究发现，H_2 降低了 C-Cl 键断裂的活化能；CO 和 H_2 的混合气氛中，CO 略微提高了 Cl 基脱除活化能，少量的 O_2 可以使 H_2 转化为 H 自由基，极大地降低了 Cl 基脱除的活化能。其中，异相催化合成主要是指垃圾燃烧后产生的残余物与碳、氢、氧、氯等元素经过氧化反应、缩合反应生成二噁英。Huang 等[70]通过分析实验室模拟数据和实际焚烧炉的二噁英类物质监测数据，将二噁英的生成机理分为两个阶段：一是碳的形成，其在燃烧区充分燃烧后形成颗粒碳；二是氧化缩合过程，未充分燃烧的颗粒碳在温度较低的区域继续氧化，通过缩合反应进行从头合成，进而生成二噁英。异相催化合成主要是指第二个阶段，即氧化缩合过程。与之相应的，异相降解过程主要是指在异相（Out of phase）状态下，采用催化剂将二噁英进行降解。

1.3　化学链燃烧技术理论与示范

1.3.1　化学链燃烧技术简介

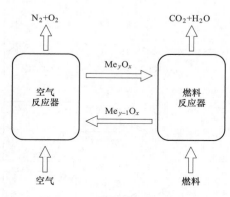

图1-6　化学链燃烧示意图

在1983年，德国两名学者Richter与Knoche[71]首次提出可利用金属氧载体的晶格氧为燃料的燃烧提供氧源，而不再是利用空气中的气态氧为燃料的燃烧提供氧源，进而降低燃烧过程中不可逆的熵产，还能够实现比空气下燃烧获得更高的转化效率。化学链燃烧技术（CLC）[72]是1994年中国学者金红光和日本学者Ishida提出的新燃烧方式，该技术是将氧载体提供晶格氧这种燃烧方式与热力循环系统结合起来实现了一种可用于捕集CO_2的新方式。图1-6为化学链燃烧技术原理。

在这种链式燃烧系统运行过程中，氧载体可在燃料反应器（FR）和空气反应器（AR）之间进行循环流动[73]。在空气反应器内空气将处于还原态的氧载体氧化同时实现了将气态自由氧转化为氧载体中的晶格氧。随后处于氧化态的氧载体循环到燃料反应器为燃料燃烧提供晶格氧同时氧载体本身被还原，还原态的氧载体再次进入空气反应器。燃料反应器中处于氧化态的活性组分Me_yO_x与燃料进行以下反应[74]

$$(2n+m)Me_yO_x + C_nH_{2m} \longrightarrow (2n+m)Me_yO_{x-1} + mH_2O + nCO_2 \tag{1-4}$$

空气反应器中处于还原态的活性组分Me_yO_{x-1}与O_2进行以下反应

$$Me_yO_{x-1} + \frac{1}{2}O_2 \longrightarrow Me_yO_x \tag{1-5}$$

化学链燃烧技术的优势主要包括：燃料反应器的尾气产物主要包括二氧化碳和水蒸气，通过将水蒸气冷凝便可实现二氧化碳的分离和捕捉，这种燃烧后可内分离CO_2的特点而不需要外加CO_2分离装置能够降低用于捕集CO_2的能耗[75]；化学链燃烧技术是通过分步燃烧实现能量梯级利用的过程；该过程燃料与空气的分离避免了燃料型NO_x的产生，一般化学链燃烧温度远低于空气下的燃烧温度，从而降低了热力型NO_x的产生[76]。化学链燃烧技术由于其高效内分离CO_2同时控制NO_x产生[77]是使能源利用方式向环境保护方向发展过程中非常有前景的方式。如图1-7所示，固体化学链燃烧主要包括三种方式[78~80]。

（1）固体燃料首先转化为气体产物进行的气体化学链燃烧：目前气体产物的化学链燃烧已经得到了充分的发展，但是由于其需要前期燃料的固气转化而大大增加了成本。

（2）固体燃料的原位气化化学链燃烧（iG-CLC）：近年来，固体燃料应用于化学链燃烧得到了更多的重视，并成为学术界研究的焦点。探究至今发现，iG-CLC是一项成本低和能量利用效率高的应用技术[79]。

（3）化学链氧解耦方式（CLOU）[81]：这是一种利用某些特定氧载体能够在高温条件下释放自由氧，实现固体燃料在反应器内的燃烧反应过程。在该方式运行中，由于气态自由氧的存在可以避免固体燃料气化速度较慢的缺陷，保证了固体燃料具有较快的燃烧转化速率。在运行过程中，需要使用的氧载体数量相对较少，能够通过缩小反应器的规模来降低投资成本。瑞典学者 Mattisson 等在 2009 年进行了包括 Mn_2O_3/Mn_3O_4、CuO/Cu_2O 和 Co_3O_4/CoO 等特殊氧载体的热力学分析，证实了这些氧载体在热力学上满足 CLOU 要求，并对 CuO 作为氧载体进行了甲烷和石油焦的化学链燃烧实验，见证了 CLOU 的优势。

目前对固体燃料化学链燃烧进行了广泛的研究并取得了相应的重要结论。瑞典学者 Henrik Leion 等在批次流化床上进行了石油焦的 iG-CLC 实验，分别选择了合成铁基氧载体[82]、天然铁基氧载体[83]、Ni 基氧载体[84] 和 Cu 基氧载体[85] 进行了研究。结果发现，SO_2 的存在有利于进一步消除残炭，SO_2 与残炭反应生成了 CO_2、CO 和硫单质，之后硫又与氧化铁反应形成 SO_2。另外，氧载体的存在能够加快中间气化反应的进行。通过在 970℃ 比较锰矿石和铁矿石下固体燃料的转化率和气化速率发现，锰矿石比铁矿石具有更高的气化速率[86]。东南大学沈来宏等通过进行煤粉与 Ni 基氧载体的 iG-CLC 实验[87]，研究了燃料反应器内的飞灰含量，碳转化率和 CO_2 捕捉效率。之后通过加压化学链燃烧系统进行了煤粉与铁基氧载体的化学链燃烧实验[88]，研究结果表明加压能够抑制起始的煤热解，并提高煤中焦炭的气化。在 Fe 基氧载体表面进行 K_2CO_3 的修饰对气化速率有明显促进作用[89]。另外，该课题组在氧载体抗烧结和耐磨损性能[90]、硫化物[91] 以及氮化物[92] 的排放进行了深入研究。西班牙学者 Pilar Gayán 等分析了 Cu 基氧载体与煤粉化学链燃烧过程的供氧速率[93] 以及氧载体与煤的化学计量比[94]。对于煤粉与铁基氧载体的研究，用理论方法评价了燃料反应器内碳的气化与碳的转化[95]，并在 $500W_{th}$ 上进行了 CLC 测试，分析了固体循环率、氧载体停留时间、煤粉供给量和水蒸气含量的影响[96]。华中科技大学赵海波课题组[97,98] 进行了固体废弃物化学链燃烧实验，并对污染物控制进行了系统性的研究。此外，多位学者在固体燃料化学链燃烧应用方面进行了有益探索[99]，为固体燃烧化学链燃烧技术的应用提供了宝贵经验和重要结论。

1.3.2　氧载体反应性

氧载体在化学链运行中将循环流动于空气反应器和燃料反应器之间，在这循环过程中通过空气反应器内将气态自由氧转化为晶格氧以及随后在燃料反应器内氧载体的晶格氧传递给燃料用于燃烧，并利用自身的储热能力，将在空气反应器内产生的热量传递给燃料反应器用于满足氧载体还原反应的要求。因此，化学链燃烧系统的运行需要氧载体具有合适的物理化学性能，这些特定的性能也是化学链燃烧技术应用的关键性因素之一。氧载体颗粒需要的特定性能包括：理想的氧化还原反应性能、热力学上可实现燃料完全燃烧、理想的燃烧效率、运行温度下具有稳定的物理和化学性能、可呈流化态、可靠的机械强度（抗破碎和抗磨损）、不易发生烧结以及团聚、价格低廉和无污染。可作

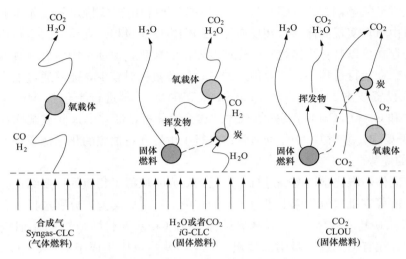

图 1-7　固体化学链燃烧的三种方式

为氧载体的金属氧化物包括 Fe[100]、Ni、Cu[101]、Co、Mn[102]等过渡金属[89]，并多数的金属氧载体都具有较好的反应性能以及耐高温、载氧能力大和持续循环等优点。为提高这些金属氧化物的抗烧结能力和反应能力、增加氧载体的比表面积和增强机械强度，以及延长氧载体使用寿命等，需要将氧载体附着在某些惰性载体上。可作为惰性载体的成分主要包括 TiO_2、Al_2O_3、SiO_2、ZrO_2、海泡石、膨润土和高岭土等[103]。在化学链燃烧反应过程中，这些惰性载体并不参加任何化学反应过程，而只是用于提高活性氧载体颗粒的比表面积、增强活性氧载体的抗烧结能力，同时可作为能量传递的载体。值得说明的是，开发和寻找廉价的氧载体是化学链燃烧技术应用的瓶颈。西班牙学者 T. Mendiara 等[104]在流化床上进行了煤粉的原位气化化学链燃烧（iG-CLC）实验，并发现铁矿石具有较好的反应性能，铁矿石中含有较高的 CaO 含量对脱硫有一定的作用。华中科技大学赵海波课题组[105,106]进行了铁矿石和铜矿石双氧载体下煤化学链燃烧实验，并从热平衡角度优化了混合比例。西班牙学者 T. Mendiara 等[107]在批次流化床反应器上进行了含铁废料的反应性能测试，对廉价的氧载体展开了进一步的探索和开发。表 1-2 呈现了常见氧载体的比较。为了优化 CLC 反应器的设计，更多的学者对氧载体与还原性气体的反应动力学进行了研究。通常认为气体燃料和氧载体反应是非催化气固反应，从而不同的气固反应模型来预测氧载体颗粒转化率与时间的关系。反应动力学模型是以不同气固反应动力学模型中反应速率与阿雷尼乌斯方程的关系为基础衍生的。构建动力学模型的目的是用相对简单的函数关系式来预测反应的进行程度。常用的模型包括粒径改变模型（CGSM）、收缩核模型（CM）、成核与核生长模型。

由于铁基氧载体的经济性优势，目前更多的学者对气体燃料与铁基氧载体的还原动力学展开了广泛的研究。例如，美国学者 Esmail R. Monazam 等[117~120]在 TGA 上分别研究了不同浓度的 CH_4、CO 和 H_2 与 Fe 基氧载体的还原动力学，并在空气气氛下进一步研究了 Fe_3O_4 到 Fe_2O_3 的一步氧化动力学[121]。中国石油大学张永兴等[122]在 TGA 上

表 1-2 常见氧载体比较

氧载体	优点	缺点	参考文献
Fe_2O_3	廉价、无污染、反应活性强、熔点高不易烧结，且具有循环反应稳定性和不易出现碳沉积现象	较低的氧化还原能力；甲烷的转化率低；载氧能力差；反应过程中氧化态种类复杂	[91,108]
NiO	较高的反应活性、运行温度下不易发生烧结和挥发，并且具有较大的载氧能力	从热力学上反应气体产物会伴有少量的 CO 和 H_2；价格较高且有毒、容易出现碳沉积	[109]
CuO	反应速率高、输氧能力强，在热力学上可实现燃料完全转化为 CO_2 和 H_2O；相对便宜且无污染	低熔点，易烧结；低反应温度下能量效率不高	[93,110,111]
Mn_3O_4	无污染、价格相对低廉；载氧能力相对较高	氧化形态在反应过程中较复杂。高于 800℃ 时，仅以 Mn_3O_4 形式存在。仅可研究 Mn_3O_4 与 MnO 的一步转化	[112,113]
Co_3O_4	载氧能力相对较高	价格昂贵且会造成环境污染；温度在 800～1200℃ 区间，易产生 H_2 和 CO；当高于 900℃ 时性能不稳定	[114]
$CaSO_4$	较高的载氧能力、价格低廉、可靠的反应性	运行温度条件下容易出现分解反应，产生的气体中包括 SO_2 等有毒气体，同时机械强度不高	[115,116]

研究了低浓度的甲烷与 Fe 基氧载体的还原动力学。另外，加拿大学者 Somaye Nasr 等[123]研究了气体燃料与铁基氧载体的反应动力学模型，澳大利亚学者 Hui Song 等[124]在 TGA 上对 Ni-Fe 混合氧载体与不同浓度 CO 的还原动力学进行了初步探索。此外，许多学者对其他氧载体的动力学也展开了系统的研究。美国学者 Saurabh Bhavsar 等[125]和西班牙学者 Cristina Dueso 等[126]对 Ni 基氧载体与气体的反应动力学展开了研究，瑞典学者 Qamar Zafara 等[127]在确定 Ni 基氧载体的氧化还原动力学模型方面进行了分析比较。澳大利亚学者 Hui Song 等[114,128]分别研究了 Cu 基、Mn 基和 Co 基氧载体的释氧和吸氧动力学。对于三种 CLOU 氧载体，也有学者在氧分压[129-130]、气氛[112]和氢产[131]等动力学影响参数方面进行了有益的探索。还有，澳大利亚学者 Chiranjib Saha 等[132]通过缩核模型计算 CuO 的释氧动力学与实验结果进行了很好的对应。瑞典学者 Mehdi Arjmand 等[133]对 Cu 基氧载体的氧化动力学也展开了研究，结果发现供氧情况是限制氧化过程的关键环节。

1.3.3　反应器的自主设计

自化学链燃烧原理提出以来，瑞典 Lyngfelt 等[134]在 2001 年首次进行了化学链燃烧串行流化床反应器的设计，并对其冷态实验进行了成功运行。其中，氧载体在空气反应器内呈快速流化态，在燃烧反应器内为鼓泡流化态，并对反应器系统压降、固体循环流量、气体泄漏率、固体颗粒停留时间四个关键参数进行了测量。并根据冷态结果，分别在 $10kW_{th}$ 串行流化床上进行了不同氧载体[72]以及不同固体燃料[136]的化学链燃烧测试。进一步地，设计了 $100kW_{th}$ 化学链反应器，并进行了冷态实验[137]和热态测试[139]。

西班牙学者 Adanez 等[140-141]建造了 $10kW_{th}$ 串行流化床化学链反应器。两个反应器均为鼓泡床，氧载体从空气反应器到燃料反应器的循环方式为在提升管中进行气力输送，氧载体从燃料反应器到空气反应器的循环途径为燃料反应器侧壁的溢流口。通过以甲烷为燃料进行了 200h 的化学链燃烧实验，分析了反应温度、氧载体床料量、反应器流化气速以及氧载体粒径等参数对甲烷转化率的影响。结果表明，在优化条件下甲烷转化率能够高达 100％，并且氧载体反应性能保持稳定，没有出现烧结现象。

美国俄亥俄州立大学的范良士等[142,143]分别在 $25kW_{th}$ 的移动床上进行了气体燃料[144]和固体燃料[143]的化学链燃烧测试。对于气体燃料来说，由于氧载体与合成气逆向流动而延长了固体停留时间，进而有利于气固的充分接触。测试结果表明，气体燃料的转化率可近似达到 100％。对于固体燃料来说，在连续 200h 的运行实验中，煤粉的转化率高达 90％，CO_2 的气产率高达 99.5％。

国内东南大学沈来宏等[87,109]设计了 $1kW_{th}$[109]和 $10kW_{th}$[87]的串行流化床化学链反应器，其中氧载体在空气反应器内为快速流化态，在燃料反应器内为喷动状态，同时溢流口作为氧载体的返料装置。在连续运行实验中全面地研究了反应器参数对化学链燃烧[145]和化学链气化[146]等的影响，并关注了煤化学链燃烧过程中硫化物、氮氧化物的生成机理。清华大学李振山等[147]以天然铁矿石为氧载体与 CO 在串行流化床反应器上成功运行了 100h，并通过 10％K^+ 修饰提高了铁矿石的反应性。

华中科技大学赵海波课题组[99,148]搭建了 $5kW_{th}$ 串行流化床化学链反应器，以铁矿石为氧载体并分别以 CH_4 和煤粉为燃料进行了化学链燃烧的连续运行实验，研究了运行参数（燃料反应器温度、燃料反应器流化气表观气速、燃烧反应器床料量和反应器热功率）对化学链燃烧中的燃料燃烧效率、CO_2 产率以及 CO_2 捕集率的影响。近些年，德国 Jochen 等[149]成功运行了目前最大功率的 $1MW_{th}$ 半工业化串行流化床化学链反应器，氧载体的循环流量为 $1.8 \sim 2.3t/h$。西班牙 Abad 等[150]也对 CLOU 反应器进行了设计。总的说来，化学链技术的研究已不仅局限于理论或者小型实验装置的研究，已发展到以反应器设计并半工业化为目标的阶段。

热力学及动力学的前期研究

近些年，将固体垃圾用于发电的探索激发了相关人员的兴趣。在这个过程中具有更大的环境效益，尤其是固体垃圾的燃烧能够杀死微生物和病原体。塑料垃圾作为一个重要的固体垃圾类型，由于它的高热值被认为是最具潜力的燃料替代物[151]。然而由于氯化有机毒性物质的产生，当在 CLC 过程中利用塑料垃圾时需要特殊关注燃料中的氯元素。一般来说，燃料中的氯元素将有高于 90% 的含量会以 HCl 的形式排放到尾气中[152]，这个 HCl 的释放温度区间为 200～400℃[153]。HCl 由于它的腐蚀性是塑料垃圾燃烧中的危险性组分。更为重要的是，HCl 的存在，无论是直接的还是间接的，都会导致尾气中有毒氯化物的排放（例如 PCDD/Fs 和呋喃）[154]。

化学链反应过程是一个复杂的多相多组分作用的过程。目前很多学者根据吉布斯最小自由能理论对化学链燃烧过程中的反应进行了系统研究。东南大学沈来宏等[87,155]利用 HSC 软件分析了焦炭的气化以及气化产物与 Ni 基氧载体的热力学反应平衡，之后进一步研究了硫元素对 Ni 基氧载体的影响[109]。东南大学顾海明等[91]和宋涛等[92]对 Fe 基氧载体与合成气的反应进行了计算，并分别对 H_2S 与铁基氧载体的反应[91]和氮氧化物的生成进行了研究[92]。华中科技大学王保文等[156]利用 HSC 软件分析了 NiO、CuO、Fe_2O_3、Mn_3O_4 和 CoO 与合成气化学链燃烧的热力学平衡。研究表明提高温度、过氧率可抑制碳沉积，而高压促进碳沉积。另外，合成气中提高 H_2O 和 CO_2 含量可减少碳沉积，H_2S 增多促进碳沉积。此外，还有学者利用 HSC 对污染物的控制进行了大量有益的探索[157～159]。

在化学链燃烧方面，重要的是氧载体需要具有充分的还原和氧化能力。如果氧载体廉价并且环境友好，这在氧载体选择中是一个不可忽略的优势[123]。潜在的氧载体主要包括 Cu、Ni 和 Fe 的氧化物。综合文献中对潜在氧载体优势的报道，Cu 基氧载体具备较好的反应性并且在还原过程能够放热，Ni 基氧载体具有最高的反应性和耐热性能。相比之下，Fe 基氧载体的含量丰富、价格低廉、反应性可靠，并且具有耐磨和耐热性能[123]。对于化学链燃烧方式用于处理塑料垃圾控制 PCDD/Fs 排放的验证性研究，需要氧载体和吸附剂满足以下要求：① HCl 与氧载体从热力学角度不能发生反应，从而不会带来氧载体的损耗。②在 FR 内 HCl 能够与吸附剂反应生成稳定的氯化物，而在 AR 内生成的氯化物不能与空气反应。③氧载体和吸附剂不能在尾部烟气中催化有机大分子的生成。在本章研究中，利用 HSC5.0 软件首先对氧载体（Fe 基、Cu 基和 Ni 基氧载体）和吸附剂（CaO、K_2O 和 Na_2O）进行了选择。随后，在微型双床上验证了合成铁基氧载体以及吸附剂修饰合成铁基氧载体的催化性能。需要说明的是，合成铁基氧载体为利用共沉淀法合成的 Fe_2O_3/Al_2O_3（60wt.％/40wt.％），其中 40wt.％ Al_2O_3 已是被优化后惰性载体的比例[160,161]。另外，湿浸渍法为吸附剂（CaO、K_2O 和 Na_2O）合成氧载体的修饰方法，其中选择 5wt.％为湿浸渍过程中的质量比例。

2.1 热力学分析

2.1.1 热力学背景

化学反应热力学首先用于理解燃料反应器和空气反应器内潜在的反应机理，并且可用于选择合适的氧载体和吸附剂[87]。已有学者在基于吉布斯自由能（ΔG）计算的基础上研究了 Fe 基氧载体颗粒与 CH_4、CO 和 H_2 的还原反应[88,92]。方程式（2-1）中，ΔG 是判断反应推动力是否可以自发进行的标准。ΔG 与反应温度、焓值和熵值有关，反应式为

$$\Delta G = \Delta H - T\Delta S \tag{2-1}$$

式中：ΔH 为焓值；T 为绝对温度；ΔS 为熵值。

任何还原反应中的 ΔG 都可以通过方程式（2-2）进行计算。这个数值是出口的焓值减去入口反应物的焓值。ΔG 为负值表明这个反应能够自发地进行而不需要外在的能量[159]。

$$\Delta G = \Delta G_{products} - \Delta G_{reactants} \tag{2-2}$$

2.1.2 HCl 的热力学特性

为了进一步研究化学链燃烧反应过程中对氯元素的脱除，首先需要确定氯元素的热力学特点。从图 2-1 中可以发现，R1 中 ΔG 在温度为 400～1000℃时始终高于 0，这表明对应的反应不能自发地朝正向反应进行[159]。而 R2 中 ΔG 当温度小于 600℃时小于零，当温度高于 600℃时 ΔG 高于零。从 R1-R2 两个结果可以说明，在高于 600℃条件下氯元素将主要以 HCl 的形式存在。当存在 O_2 的条件下，随着烟气温度的降低 HCl 将转化为 Cl_2，这为 PCDD/Fs 提供了更高活性的氯源。因此，在无自由氧的条件下实现塑料垃圾的焚烧不仅能够限制从头合成途径，也能够通过控制 Cl_2 含量抑制前驱体转化合成途径。另外，在化学链燃烧过程中脱出氯元素（只需要考虑脱除 HCl）能够进一步固定 PCDD/Fs 生成所需要的氯源。

2.1.3 氧载体的选择

当含氯的燃料用于 CLC 过程中，氧载体与 HCl 潜在的反应需要尽量避免，减少氧载体的消耗。一般来说，在 CLC 过程中 Fe_2O_3 主要被还原为 Fe_3O_4[111]。对于 Ni 基和 Cu 基来说，NiO 和 CuO 是氧载体的氧化态。因此比较了 Fe_xO_y（Fe_2O_3 和 Fe_3O_4）、

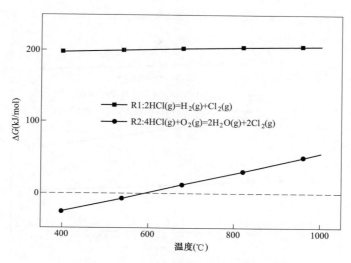

图 2-1 R1-R2 方程式的吉布斯自由能

NiO 和 CuO 与 HCl 在 FR 内潜在的反应，如图 2-2 所示。另外，图 2-3 呈现了三种氧载体（Fe 基、Ni 基和 Cu 基）将 HCl 氧化为 Cl_2 的潜在反应。从图 2-2 中可以看出，Fe 基氧载体始终不能自发地与 HCl 发生取代反应。然而对于 Cu 基和 Ni 基氧载体来说，在升温的过程中不免与 HCl 发生反应。从图 2-3 中可以看出，三种氧载体均不能自发地将 HCl 氧化为 Cl_2。总之，从模拟结果中可以看出，Fe 基氧载体更适合应用于塑料垃圾的化学链燃烧。

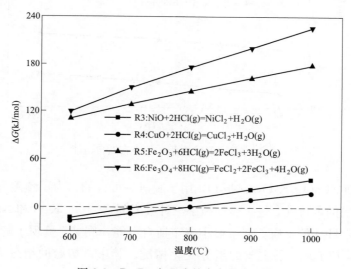

图 2-2 R3-R6 方程式的吉布斯自由能

2.1.4 吸附剂的选择

如图 2-4 所示，R10-R12 中 ΔG 在温度为 600～1000℃时始终小于 0。这表明在热力

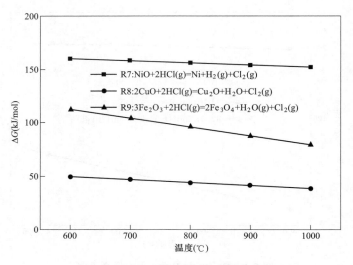

图 2-3　R7-R9 方程式的吉布斯自由能

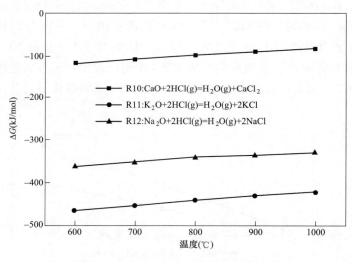

图 2-4　R10-R12 方程式的吉布斯自由能

学上三种吸附剂（CaO、K_2O 和 Na_2O）用于脱氯是可行的。为了预测利用吸附剂修饰 Fe 基氧载体脱氯的可行性，进一步模拟了三种吸附剂（CaO、K_2O 和 Na_2O）和 Fe_2O_3 等摩尔比例下与 HCl 的反应。基于最小吉布斯自由能，图 2-5 呈现了随着 HCl 含量的增加反应器内保持 900℃ 下主要的组分变化情况。其中，初始的组分为 1mol Fe_2O_3、1mol CaO、1mol K_2O 和 1mol Na_2O。如图 2-5 所示，发现随着 HCl(g) 的加入，首先产生了 KCl(g)，这表明 K_2O 是三种吸附剂中最容易与 HCl(g) 反应。随后直到 HCl(g) 增加至 4mol，同时生成了 KCl(g) 和 NaCl。继续加入 HCl(g)，开始产生了 $CaCl_2$。最后发现，当 HCl(g) 加入至 6mol 后，反应器内 HCl(g) 的含量开始直线增加。这再次说明了在热力学上 Fe_2O_3 不能与 HCl(g) 发生反应。总的来说，这三种吸附剂均能够应用于 FR 内化学链燃烧过程中脱出氯元素，它们的活性顺序为 K_2O、Na_2O 和 CaO。

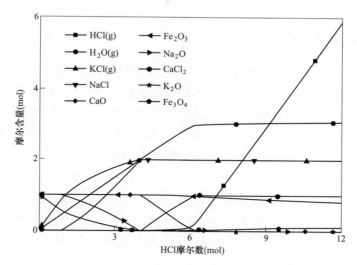

图 2-5　三种吸附剂（CaO、K_2O 和 Na_2O）和 Fe_2O_3 与 HCl 在 900℃下的摩尔组分

2.1.5　AR 内稳定性验证

接下来，需要进一步检查 FR 中产生的氯化物能否在 AR 中与 O_2 反应，这也是吸附剂能够用于化学链燃烧过程中脱氯的关键问题。如果这些氯化物能够在 AR 中与 O_2 反应，PCDD/Fs 的二次污染问题将会出现。图 2-6 显示了温度为 $600\sim1000$℃时 R13-R15 的 ΔG 值。这些数值均大于 0，说明这些反应在热力学上都是不可自发地进行。也就是说，在 FR 内产生的三种氯化物在 AR 内不能自发地与 O_2 反应。总的来说，这些来自吸附剂与 HCl 反应的氯化物在理论上能够积累在氧载体的表面。

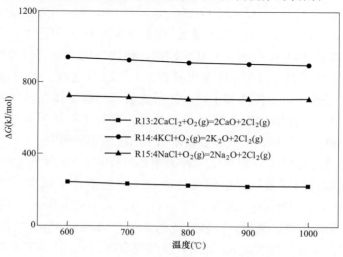

图 2-6　R13-R15 方程式的吉布斯自由能

2.2 晶格氧竞争催化性能

2.2.1 实验部分介绍

（1）实验样品。本工作选择输液管作为典型的塑料垃圾样品，它的主要成分为聚乙烯和聚丁烯。本工作的塑料垃圾样品粒径范围为 0.5～0.6mm，在实验之前塑料垃圾样品在 105℃下干燥 24h。塑料垃圾的工业分析、元素分析以及低热值见表 2-1，它的灰成分分析见表 2-2。需要指出的是，工业分析和元素分析分别用到了 ASTM D5373 和 GB 212-91/GB 212-84。"ad"代表着空气干燥基，因此 M_{ad}、FC_{ad}、V_{ad}、A_{ad} 代表着水分含量、固定碳含量、挥发份含量和灰分含量。C_{ad}、H_{ad}、N_{ad}、S_{ad} 和 Cl_{ad} 是空气干燥基下的元素含量。其中可以直接检测出 C_{ad}、H_{ad}、N_{ad} 和 S_{ad}，而 Cl_{ad} 是利用离子色谱仪进行测定的。具体过程如下：首先将 0.2g 样品放入炉内，之后在空气气氛下将炉温以 10℃/min 的升温速率增加到 1100℃。接下来，尾气通入了 $NaHCO_3$ 饱和溶液，之后通过氯离子浓度计算得出 Cl_{ad}。

表 2-1　　　　　　　　　塑料垃圾的工业分析和元素分析

样品	工业分析（wt.%）				低热值 (MJ/kg, db)	元素分析(wt.%)					
	M_{ad}	FC_{ad}	V_{ad}	A_{ad}		C_{ad}	H_{ad}	N_{ad}	S_{ad}	O_{ad}	Cl_{ad}
塑料垃圾	0.03	0.08	93.79	6.1	33.87	73.89	10.82	0.72	0.16	3.39	4.92

表 2-2　　　　　　　　　　塑料垃圾的灰成分分析

样品	成分分析（wt.%）								其他元素
	Al_2O_3	SiO_2	SO_3	CaO	Mn_2O_3	Fe_2O_3	CuO	ZnO	
塑料垃圾	15.63	34.92	4.48	19.54	1.39	19.23	1.89	2.39	0.53

通过共沉淀法合成了 Fe_2O_3/Al_2O_3（60wt.%/40wt.%）作为铁基氧载体样品。共沉淀制备过程如下：首先，确定计量比的 $Fe(NO_3)_3 \cdot 9H_2O$（ACS 试剂，纯度 >98.5wt.%）和 $Al(NO_3)_3 \cdot 9H_2O$（ACS 试剂，纯度 >98.5wt.%）溶于去离子水中。之后，通过添加氨水使盐溶液的 pH 值维持在 9.0～10.0 之间，并通过 600r/min 的转速在常压和 90℃条件下进行搅拌和干燥。随后成胶状的前躯体在温度为 85℃的空气气氛下干燥 24h，之后又在 1000℃下煅烧 6h。最终，获得了粒径为 0.2～0.3mm 的合成 Fe_2O_3/Al_2O_3 颗粒，作为原合成铁基氧载体用于后续的实验研究。

接下来，利用湿浸渍法分别利用三种吸附剂（K_2O、Na_2O 和 CaO）对原 Fe_2O_3/Al_2O_3 氧载体颗粒进行了修饰。湿浸渍过程如下：化学计量比下的吸附剂 [KNO_3、$NaNO_3$ 和 $Ca(NO_3)_2 \cdot 4H_2O$]（纯度 >99.0wt.%；大小 <5mm）分别溶于去离子水，之后获得了对应的盐溶液。随后，这些准备的 Fe_2O_3/Al_2O_3（60wt.%/40wt.%）颗粒浸泡于该盐溶液并在常温下搅动 12h。然后，这些混合物在 105℃下干燥 6h，并在 1100℃的马弗炉内煅烧 3h 用于保证这些硝酸盐分解为对应的氧化物。最终获得了 0.2～

0.3mm 粒径的吸附剂修饰氧载体颗粒。值得说明的是，在湿浸渍过程中控制了吸附剂修饰的质量比（在本章研究中，仅以 5wt.％作为吸附剂修饰的质量比）。

表 2-3 铁矿石的组分

项目	Fe_2O_3	SiO_2	Al_2O_3	TiO_2	其他
含量（wt％）	81.89	8.42	8.37	0.74	0.58

表 2-4 新鲜铁矿石的物理化学特性

氧传递能力 R_{OC}(wt％)	2.73
颗粒大小（mm）	0.2～0.3
磨损指数（％/h）	2.1
比表面积 BET（m²/g）	0.31
孔体积（$\times10^{-3}$cm³/g）	2.03
平均孔径（mm）	0.641
真密度（kg/m³）	4.92
破损强度（N）	2.61
XRD 主要晶相	Fe_2O_3，SiO_2，Al_2O_3

在本章中，一种天然铁矿石作为廉价的氧载体进行了吸附剂修饰铁矿石的性能研究。为了改善破碎强度和消除矿石的挥发组分，在马弗炉内以空气为气氛首先在 500℃下煅烧 3h，之后在 1000℃下煅烧 6h。最终，矿石煅烧之后被筛分为 0.2～0.3mm 的新鲜铁矿石氧载体。利用 X 射线荧光光谱法（EDAX EAGLE Ⅲ）对新鲜氧载体进行了组分分析，结果如表 2-3 所示。可以看出，铁矿石主要由 81.89wt.％Fe_2O_3、8.42wt.％SiO_2 和 8.37wt.％Al_2O_3 组成。表 2-4 显示了新鲜铁矿石颗粒的物理和化学性能。在假设 Fe_2O_3 仅转化为 Fe_3O_4 的前提下，计算了氧传递能力。通过 N_2 吸附方法（Micromeritics，ASAP2020）计算了氧载体的 BET。利用一种自动真密度测试仪（AccuPyc 1330）测量了它的真密度。用一种压力强度装置（Shimpo FGJ-5）测试了破碎强度，并采用了 20 个测试样品的平均值为最终的破损强度。另外，用一个磨损测试仪测试了铁矿石的磨损抵抗力。该过程为，将 30g 氧载体颗粒放入一个带有 1.5cm 挡板的不锈钢球磨机（长度为 14.5cm；直径为 12.0cm）内，并以每分钟 10 转的转速进行 50min，最终筛分并称重磨损的氧载体颗粒。通过公式[$\delta=(m_1-m_2)/m_1\times100\%$]计算了磨损系数。式中：$m_1$ 是测试前质量；m_2 是测试后质量。还有，通过 X 射线分析仪（XRD，X'PertPRO）测定了铁矿石的晶相。

采用了超声波浸渍法进行了 CaO 修饰铁矿石样品的制备。同样$Ca(NO_3)_2\cdot4H_2O$（纯度＞99.9wt.％；大小＜5mm）选为前驱体，首先它溶于去离子水制备成 100mL 盐溶液。上述铁矿石被浸渍到溶液中。接下来，将前驱体与铁矿石的混合物放入一个超声波清洗仪（SB-100DT）内，待设定条件（40 000Hz 和 100W）后在 90℃下进行 6h 修饰过程。随后，浸渍到铁矿石表面的 $Ca(NO_3)_2\cdot4H_2O$ 首先在 900℃下保温 1h 同时释放 NO_x，之后以空气为气氛进行室温条件下的冷却，最后通过对这些氧载体颗粒进行筛分得到

0.2～0.3mm 的 CaO 修饰铁矿石颗粒。需要指出的是，仅选择了 5wt.％作为吸附剂修饰铁矿石的质量比。

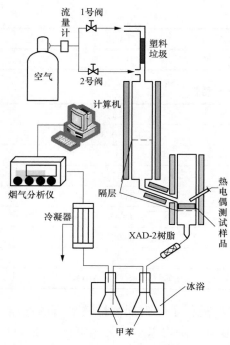

图 2-7　微型双床催化实验系统图

（2）装置和过程。为验证合成氧载体、天然铁矿石以及吸附剂修饰氧载体对尾气中有机物生成的催化作用，采用微型双床反应器[162,163]对空气条件下塑料垃圾的焚烧进行了实验研究。图 2-7 显示了微型双床实验系统，包括供气单元、塑料垃圾焚烧区、尾气催化区以及尾气吸收装置。其中隔板能够实现气体通过的同时过滤掉固体颗粒。实验流程如下：首先将 1g 测试样品放入催化区隔板上，将燃烧区加热到 900℃，催化区加热到 500℃。需要说明的是，900℃是铁基化学链燃烧过程中常用温度，500℃是从头合成方式温度区间的上限（催化合成是从头合成方式的关键因素之一）。接下来，打开 2 号阀使反应器内均为空气气氛。当温度稳定且尾气浓度为空气浓度后，关闭 2 号阀，打开 1 号阀，同时将塑料垃圾样品送入反应器。其中塑料垃圾样品为 0.2g，空气气体流量为 200mL/min。塑料垃圾在燃烧区内燃烧后，灰分残留在隔板上，烟气进入催化区与测试样品充分接触。之后尾气首先经过 XAD-2 树脂再经过冰浴条件下的甲苯溶液用于充分吸收尾气中的有机物。接下来通过烟气分析仪检测尾气中的气体组分，待烟气分析仪中气体浓度达到空气浓度后终止实验。对于有机物的检测，首先用甲苯有机溶剂对 XAD-2 进行了索式提取，将提取液与甲苯吸收液进行混合，之后利用高分辨傅里叶变换质谱仪（FT-MS，SolariX7.0T）采用正离子模式对有机物进行检查。测试的样品包括原 Fe_2O_3/Al_2O_3 颗粒、K_2O 修饰 Fe_2O_3/Al_2O_3 颗粒、Na_2O 修饰 Fe_2O_3/Al_2O_3 颗粒、CaO 修饰 Fe_2O_3/Al_2O_3 颗粒、铁矿石颗粒和 CaO 修饰铁矿石颗粒以及作为对照组的石英砂颗粒。为了包含 17 种毒性 PCDD/Fs（见表 1-2），测试的分子量范围为 150～500。

2.2.2　实验结果

图 2-8 呈现了 500℃条件下五种测试样品（原 Fe_2O_3/Al_2O_3 颗粒、K_2O 修饰的 Fe_2O_3/Al_2O_3 颗粒、Na_2O 修饰的 Fe_2O_3/Al_2O_3 颗粒和 CaO 修饰的 Fe_2O_3/Al_2O_3 颗粒、石英砂）催化尾气后甲苯有机溶剂的总离子流图，其中石英砂作为对照组。如图 2-8（a）所示，强度最大的分子量为 391.28，这个分子量在 17 种毒性 PCDD/Fs 分子量的区间（306.0～460.8）。该结果表明，通过测试能够对 PCDD/Fs 类有机物的排放规律进行预测。相比于石英砂对照组［见图 2-8（a）］，Fe_2O_3/Al_2O_3［见图 2-8（b）］使

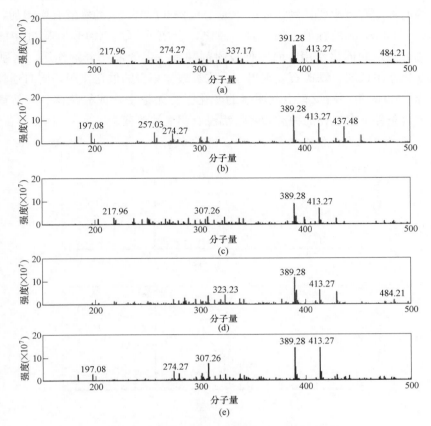

图 2-8　石英砂及合成氧载体的高分辨傅里叶变换总离子流图

(a) 石英砂；(b) 原 Fe_2O_3/Al_2O_3；(c) K_2O 修饰 Fe_2O_3/Al_2O_3；

(d) Na_2O 修饰 Fe_2O_3/Al_2O_3；(e) CaO 修饰 Fe_2O_3/Al_2O_3

得分子量 391.28 处的峰值宽度变窄且峰值增大，同时对 413.27 和 437.48 两处分子量也有所增加。这验证了活性 $Fe^{[164]}$ 以及 $Al^{[165]}$ 存在的催化合成作用。另外，在分子量为 197.08 处也显示了较强的峰值，这也说明合成氧载体具有一定的催化分解作用。但从两组主峰分子量来看，合成氧载体并没有导致主峰位置较大的变动，这也说明合成氧载体不能带来尾气中有机物组分明显的改变。图 2-8 (c)~(e) 呈现了相近的总离子流图，特别是分子量为 389.28 处主峰的强度。活性碱金属催化还原反应的顺序[166]认为是 $K^+>Na^+>Ca^{2+}$，这与图 2-8 (c)~(e) 主峰增强的顺序是一致的。一个合理的解释是碱金属具有催化有机物分解的作用，碱金属活性强弱与有机物主峰大小呈负相关。通过比较图 2-8 (b) 和 2-8 (e) 发现，在分子量为 389.28 和 413.27 处的峰值差别不大。该结果表明，CaO 吸附剂对尾气中有机物的合成与分解的催化作用不明显。图 2-9 呈现了铁矿石以及 CaO 修饰铁矿石催化尾气后甲苯有机溶剂的总离子流图。相比于图 2-8 (a) 和图 2-8 (b)，可以发现 2-9 (a) 呈现出更接近图 2-8 (b) 的峰值，这说明铁矿石与合成氧载体对有机物的合成呈现出的催化作用是相似的。另外，铁矿石修饰前后主峰位置没有改变，进一步说明了通过超声波浸渍法修饰的 CaO 吸附剂没有引起明显的变化。

但一些主峰的强度有所改变，例如分子量为 389.28 和 413.27 的峰值有所增加，而分子量为 274.27 和 437.48 的峰值有所下降。总之，合成 Fe_2O_3/Al_2O_3 在尾气中能够对有机物的合成有一定的催化作用，而三种吸附剂却有一定的催化分解作用，特别是 CaO 吸附剂的催化作用最弱。铁矿石呈现出与合成氧载体相似的催化作用，同时通过超声波浸渍法修饰 CaO 吸附剂后没有引起明显的变化。但无论是合成氧载体、天然铁矿石还是吸附剂催化条件下有机物的种类和峰值都没有明显地改变。

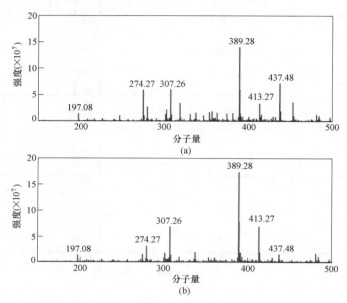

图 2-9　铁矿石氧载体的高分辨傅里叶变换总离子流图
(a) 铁矿石；(b) CaO 修饰铁矿石

2.3　反应动力学

化学反应动力学是以阿雷尼乌斯方程为基础通过计算动力学参数来预测反应进程的理论。阿雷尼乌斯方程[167] 的表达式为

$$\frac{d\alpha}{dt} = A\exp\left(-\frac{E_\alpha}{RT}\right)f(\alpha) \tag{2-3}$$

式中：$A(s^{-1})$、$E_a(kJmol^{-1})$、$R(kJmol^{-1}K^{-1})$ 和 $T(K)$ 分别为前因子、表观活化能、气体常数和绝对温度；$f(\alpha)$ 为描述转化速率的动力学模型。

（1）等温动力学模型。根据不同等温实验，可以通过动力学方程式（2-3）计算相应的动力学参数［活化能 E、指前因子 A，和反应机理模型 $f(\alpha)$］。结合式（2-3）与式（2-4）（k 是速率常数）可以得到式（2-5），进一步的积分可得式（2-6）。

$$k = Ae^{-E/RT} \tag{2-4}$$

$$\frac{d\alpha}{dt} = kf(\alpha) \tag{2-5}$$

$$\int_0^\alpha \frac{\mathrm{d}\alpha}{f(\alpha)} = G(\alpha) = kt \qquad (2\text{-}6)$$

速率常数 k 可通过式（2-4）得到。$G(a)$ 首先与时间 t 拟合成一条直线，同时需要满足截距接近或等于零。之后速率常数 k 与温度的关系可以通过式（2-7）进行拟合。将得到一个斜率为 $-E/R$，截距为 $\ln A$ 的直线。

$$\ln k = \ln A + \left(-\frac{E}{R}\right)\frac{1}{T} \qquad (2\text{-}7)$$

对于化学链燃烧中氧载体的还原氧化动力学研究，三种类型的动力学模型常用来解释气固反应。这些模型包括扩散控制模型、边界控制模型和、成核和随后生长模型。这些数学表达式是用来说明模型的，这一系列的代数方程式是在一些假定条件下成立的。用于表示气固反应的典型数学模型方程，如表 2-5 所示[168]。

表 2-5   **不同反应动力学机理的动力学方程**

反应机理	积分形式 $G(a)=kt$
1-D diffusion	α^2
2-D diffusion	$\alpha+(1-\alpha)\ln(1-\alpha)$
3-D diffusion-Jander	$[1-(1-\alpha)^{1/3}]^2$
Phase boundary-controlled(contracting cylinder)	$1-(1-\alpha)^{1/2}$
Phase boundary-controlled(contracting sphere)	$1-(1-\alpha)^{1/3}$
First order reaction	$-\ln(1-\alpha)$
2-D growth of nuclei	$[-\ln(1-\alpha)]^{1/2}$
3-D growth of nuclei	$[-\ln(1-\alpha)]^{1/3}$

（2）实验部分介绍。

1）实验材料。气态燃料为确定气体组分体积比的合成气，该气体组分为 5.9vol.% CH_4、21.9vol.% CO、7.8vol.% CO_2、12.7vol.% H_2、1vol.% HCl 和 50.7vol.% N_2。利用热重分析仪（WCT-1D）研究了 Fe_2O_3/Al_2O_3 氧载体颗粒以及三种吸附剂修饰的 Fe_2O_3/Al_2O_3 氧载体颗粒分别在合成气气氛下还原以及随后空气条件下氧化过程的反应动力学，其实验系统如图 2-10 所示。在等温条件下监测了还原氧化过程中样品质量随时间的变化特性。每次实验样品约为 20mg，实验系统的精度为 0.1mg。将实验样品放入 Al_2O_3 的坩埚后，为了保证氧载体的充分氧化，在升温过程（加热到设定温度 850～925℃）以及保温过程（维持 30min）均在空气气氛下进行。在本章研究中，一种合成气作为还原性气氛用于氧载体颗粒的还原反应，空气作为氧化气氛用于氧载体颗粒的氧化反应[186]。在切换气体之前，为了避免两种气体的混合，均需要吹扫 10min 的 N_2。40mL/min 作为所有气体的流量，在该实验系统中，是用电子质量流量计进行控制的。其中，还原的时间和氧化时间均为 5min。本节对氧载体还原氧化动力学的研究是依据等温条件下还原氧化过程中样品质量的改变进行计算的。

质量比［见式(2-8)］仍用于描述氧载体还原氧化过程中失重状态，该参数能够避免由起始质量带来的误差。以原 Fe_2O_3/Al_2O_3 为例，图 2-11 显示了根据质量比确定的几

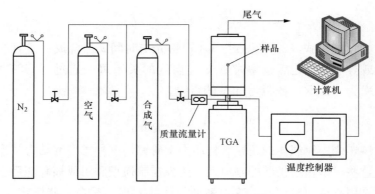

图 2-10 TGA 实验系统图

种 Fe 元素氧化态（FeO、Fe_3O_4 和 Fe_2O_3）阶段。结合实验结果，只考虑了 Fe_2O_3 到 Fe_3O_4 的一步还原过程。然而，由于 FeO 到 Fe_2O_3 的氧化过程没有明显的阶段性，考虑了整个氧化过程（FeO 氧化为 Fe_2O_3 的过程）作为氧化动力学的求解。

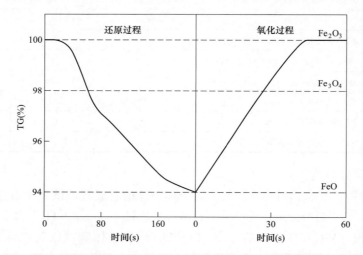

图 2-11 900℃下原 Fe_2O_3/Al_2O_3 为氧载体时 TG 随时间的变化函数

2）数据评价。对于氧载体还原过程的转化率（α）定义如下

$$\alpha = \frac{m_{o,red} - m(t)_{red}}{m_{o,red} - m_{r,red}} \tag{2-8}$$

式中：$m(t)_{red}$ 为样品在还原过程中实时的质量；$m_{o,red}$ 和 $m_{r,red}$ 分别表示氧载体在还原过程的起始质量和最终质量。

在这部分研究中，起始质量是氧载体颗粒为氧化态（Fe_2O_3）的质量，而最终质量为还原态（Fe_3O_4）的质量。对于氧载体还原阶段，本工作只考虑 Fe_2O_3 完全转化为 Fe_3O_4。

对于氧载体氧化过程的转化率定义为

$$\alpha = \frac{m(t)_{oxi} - m_{r.oxi}}{m_{o.oxi} - m_{r.oxi}} \tag{2-9}$$

式中：$m(t)_{oxi}$ 为样品在氧化过程中实时质量，$m_{r.oxi}$ 和 $m_{o.oxi}$ 分别表示氧载体在氧化过程的起始质量和最终质量。

在这部分研究中，起始质量为氧载体颗粒为还原态（FeO）的质量，而最终质量为氧化态（Fe_2O_3）的质量。对于氧载体氧化阶段，本工作只考虑 FeO 完全转化为 Fe_2O_3。

（3）反应动力学结果。

1）还原动力学。在工业化实践系统中，仅仅 Fe_2O_3 到 Fe_3O_4 被认为是最为实用的转化[122]。图 2-11 也显出该一步转化速率较快，为此本工作只考虑了这一步还原过程。图 2-12 呈现了原 Fe_2O_3/Al_2O_3 颗粒、CaO 修饰的 Fe_2O_3/Al_2O_3 颗粒、K_2O 修饰的

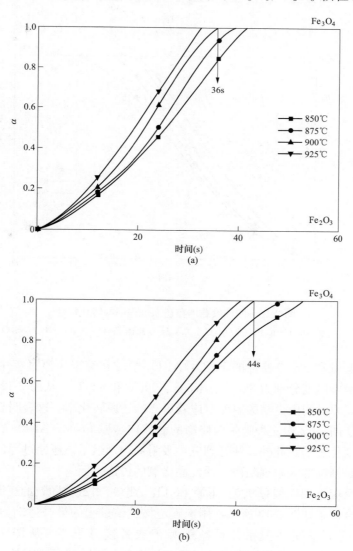

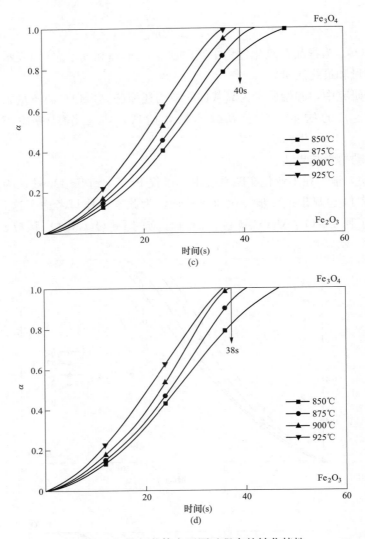

图 2-12　四种氧载体在还原过程中的转化特性

（a）原 Fe_2O_3/Al_2O_3；（b）CaO 修饰 Fe_2O_3/Al_2O_3；（c）K_2O 修饰 Fe_2O_3/Al_2O_3；（d）Na_2O 修饰 Fe_2O_3/Al_2O_3

Fe_2O_3/Al_2O_3 颗粒和 Na_2O 修饰的 Fe_2O_3/Al_2O_3 颗粒在等温还原过程中转化率随时间的变化情况。实验温度分别为 850℃、875℃、900℃和 925℃。从图 2-12（a）中可以发现，在相同的还原时间内更高的温度对应着更高的还原转化率。这表明高温有利于气固反应的进行。从图 2-12 中三种吸附剂修饰的氧载体与原 Fe_2O_3/Al_2O_3 氧载体颗粒有着相似的转化率变化过程。此外，注意到三种吸附剂均延迟了该还原过程的结束时间。一个合理的解释是修饰的吸附剂阻碍了活性晶格氧的传递。

选择八个反应机理模型对 900℃下原 Fe_2O_3/Al_2O_3 氧载体颗粒的还原过程分别进行了拟合，其拟合效果如图 2-13 所示，用于确定描述该过程的最合适动力学模型。$G(\alpha)$ 数值应该与时间 t 呈线性关系并且截距等于或者接近于零。从图 2-13 可以看出，3-Dgrowth of nuclei model 能够很好地满足这些要求。随后利用相同的方法分析了三种

吸附剂修饰 Fe_2O_3/Al_2O_3 氧载体，结果如图 2-14 所示。从图 2-14 可以发现，这些 $G(\alpha)$ 值与时间 t 呈现了一个线性的关系且截距几乎为零。最终，确定 3-D growth of nuclei model 模型为描述四种氧载体颗粒与该合成气反应还原反应过程的最佳动力学模型。

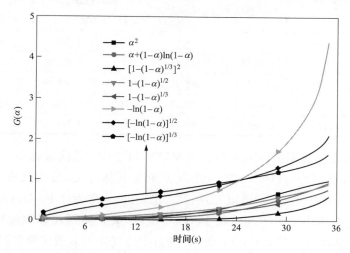

图 2-13　八种反应机理模型拟合 $900℃$ 下原 Fe_2O_3/Al_2O_3 氧载体颗粒与合成气还原反应过程

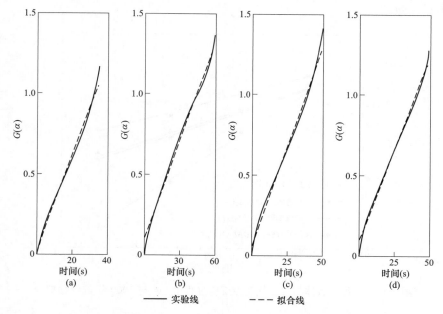

图 2-14　利用 3-D growth of nuclei 模型拟合了 $900℃$ 下四种氧载体颗粒的还原过程
（a）原 Fe_2O_3/Al_2O_3；（b）CaO 修饰 Fe_2O_3/Al_2O_3；
（c）K_2O 修饰 Fe_2O_3/Al_2O_3；（d）Na_2O 修饰 Fe_2O_3/Al_2O_3

为了计算四种氧载体的还原动力学参数，利用 3-D growth of nuclei model 模型分别对四个温度（850、875、900 和 $925℃$）下不同氧载体的还原过程进行了描述，其拟合参数见表 2-6。可以发现，相关系数均大于 0.975 92，并且截距的绝对值没有大于 0.036 22。

这些参数证实了利用 3-D growth of nuclei model 模型描述氧载体还原过程的可靠性。

表 2-6　　　　　　　　　不同氧载体在 850～925℃ 内的拟合参数

温度 (℃)	原 Fe_2O_3/Al_2O_3		CaO 修饰 Fe_2O_3/Al_2O_3		K_2O 修饰 Fe_2O_3/Al_2O_3		Na_2O 修饰 Fe_2O_3/Al_2O_3	
	K	R^2	K	R^2	K	R^2	K	R^2
850	0.031 18	0.984 59	0.023 81	0.997 81	0.029 19	0.993 82	0.028 65	0.990 13
875	0.032 32	0.977 19	0.026 92	0.989 81	0.030 93	0.980 96	0.030 43	0.982 03
900	0.034 38	0.977 46	0.031 01	0.988 52	0.033 01	0.9842	0.032 79	0.975 92
925	0.036 22	0.989 96	0.034 36	0.993 26	0.035 34	0.987 53	0.034 81	0.9828

$-E/R$ 是由实验数据所得 $\ln k$ 与设定温度所得 $1000/T$ 的线性关系决定的。因此 $\ln k$ 与 $1000/T$ 线性拟合与温度（850～925℃）和氧载体有关，如图 2-15 所示。获得的活化能和指前因子列于表 2-7。可以发现，22.82kJ/mol 作为原 Fe_2O_3/Al_2O_3 氧载体在还原过程的活化能均小于吸附剂修饰 Fe_2O_3/Al_2O_3 氧载体颗粒还原过程所得活化能。这表明吸附剂的修饰（尤其是 CaO 修饰），通过阻碍气体与氧载体颗粒的接触进而影响了氧载体颗粒的反应性能。总之，利用 3-D growth of nuclei model 模型求得的活化能与实验结果是一致的。

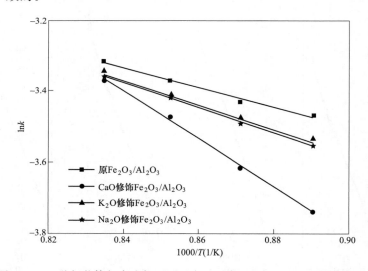

图 2-15　四种氧载体与合成气还原反应过程中 $\ln k$ 与 $1000/T$ 的线性拟合

表 2-7　　　　　不同氧载体颗粒与合成气在 850～925℃ 内的还原动力学参数

样品	E(kJ/mol)	A
原 Fe_2O_3/Al_2O_3	22.82	0.356 69
CaO 修饰 Fe_2O_3/Al_2O_3	55.59	9.169 84
K_2O 修饰 Fe_2O_3/Al_2O_3	28.63	0.618 21
Na_2O 修饰 Fe_2O_3/Al_2O_3	29.45	0.669 28

2）氧化动力学。图 2-16 显示了不同温度（850℃、875℃、900℃和925℃）下，四种氧载体氧化过程的转化率随时间的变化关系。如图 2-16（a）所示，高温能够提高特定时刻的转化率，这与还原过程相似，是由于高温促进气固间的反应[169]引起的。可以发现，在温度为850～925℃内，空气气氛下 FeO、Fe_2O_3 的转化过程只有一个阶段，该现象表明在本实验条件下 FeO 能直接被氧化为 Fe_2O_3 状态。相近的趋势在图 2-16（b）、（c）和（d）中也有所体现。此外，三种吸附剂的修饰也不同程度地延迟了900℃条件下氧载体的氧化过程（FeO、Fe_2O_3）。这应该与 FeO 和 O_2 接触表面[182]在吸附剂修饰后有了明显减少有关。

与还原动力学采用类似的方法，对900℃下原 Fe_2O_3/Al_2O_3 在空气气氛下的氧化过程进行拟合，其拟合效果如图 2-17 所示。需要指出的是本工作仅考虑了 0.1～0.9 的转化率。表 2-8 显示了八种模型的线性拟合关系。

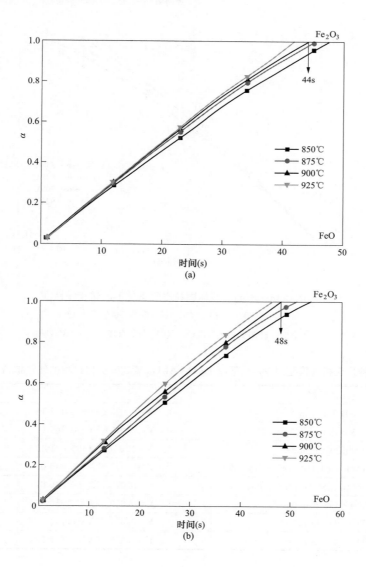

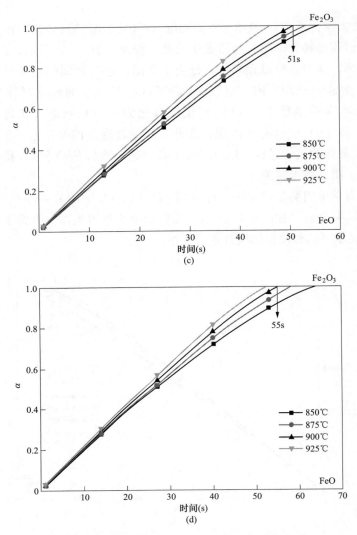

图 2-16　不同氧载体颗粒空气条件下的转化特性

（a）原 Fe_2O_3/Al_2O_3；（b）K_2O 修饰 Fe_2O_3/Al_2O_3；

（c）Na_2O 修饰 Fe_2O_3/Al_2O_3；（d）CaO 修饰 Fe_2O_3/Al_2O_3

表 2-8　八种反应机理模型对 900℃下原 Fe_2O_3/Al_2O_3 氧载体氧化过程的线性拟合参数

反应机理	拟合线	R^2
1-D diffusion	$Y=0.023\,69X-0.178\,16$	0.984 06
2-D diffusion	$Y=0.0184\,2X-0.162\,51$	0.964 35
3-D diffusion-Jander	$Y=0.007\,03X-0.071\,35$	0.927 41
Phase boundary-controlled（contracting cylinder）	$Y=0.017\,69X-0.045\,08$	0.994 87
Phase boundary-controlled（contracting sphere）	$Y=0.013\,71X-0.049\,89$	0.989 46
First order reaction	$Y=0.056\,65X-0.318\,75$	0.972 16
2-D growth of nuclei	$Y=0.031\,67X-0.211\,16$	0.9973
3-D growth of nuclei	$Y=0.022\,36X-0.431\,92$	0.998 92

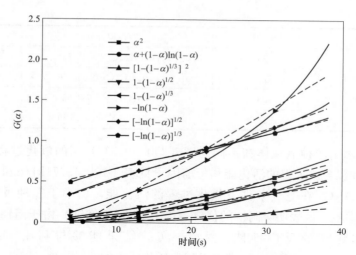

图 2-17　八种反应机理模型拟合 900℃下原 Fe_2O_3/Al_2O_3 氧载体颗粒与空气氧化反应过程

表 2-8 中 phase boundary-controlled（contracting cylinder）model 很好地满足了 3.2.2 中的要求 $[G(\alpha)$ 数值与时间 t 呈现线性关系，而截距等于或者近似为零]。另外，较高的相关系数（$R^2 = 0.994\,87$），能够说明 phase boundary-controlled（contracting cylinder）模型能够很好地描述处于还原态的原 Fe_2O_3/Al_2O_3 在空气条件下的氧化过程，最终被选定为该过程的最佳动力学模型。

四种氧载体在不同温度（850、875、900 和 925℃）下与空气的氧化过程分别用 phase boundary-controlled（contracting cylinder）模型进行了描述，其拟合参数见表 2-9。拟合结果（相关系数均大于 0.993\,39，并且没有截距的绝对值超过 0.057\,03）能够表明 phase boundary-controlled（contracting cylinder）模型可用于描述四种氧载体氧化过程。

表 2-9　　　　　　　　　　四种氧载体与空气氧化反应过程的线性拟合参数

氧载体种类	温度（℃）	线性拟合	R^2
原 Fe_2O_3/Al_2O_3	850	$Y = 0.0164\,5X - 0.045\,55$	0.993\,95
	875	$Y = 0.017\,19X - 0.043\,45$	0.995
	900	$Y = 0.017\,69X - 0.045\,08$	0.994\,87
	925	$Y = 0.018\,04X - 0.047\,21$	0.994\,27
K_2O 修饰 Fe_2O_3/Al_2O_3	850	$Y = 0.0147X - 0.049\,05$	0.993\,59
	875	$Y = 0.015\,64X - 0.034\,43$	0.995\,16
	900	$Y = 0.015\,92X - 0.057\,03$	0.994\,03
	925	$Y = 0.016\,99X - 0.0431$	0.996\,27
Na_2O 修饰 Fe_2O_3/Al_2O_3	850	$Y = 0.014\,65X - 0.042\,27$	0.995\,28
	875	$Y = 0.015\,09X - 0.048\,24$	0.995\,21
	900	$Y = 0.015\,88X - 0.048\,27$	0.997\,23
	925	$Y = 0.016\,93X - 0.042\,72$	0.993\,39

氧载体种类	温度（℃）	线性拟合	R^2
CaO 修饰 Fe$_2$O$_3$/Al$_2$O$_3$	850	$Y=0.0128X-0.034\,76$	0.998 05
	875	$Y=0.013\,75X-0.040\,66$	0.995 26
	900	$Y=0.0144X-0.044\,35$	0.994 99
	925	$Y=0.015\,09X-0.051\,29$	0.994 89

图 2-18 显示了四种氧载体在不同温度（850～925℃）下的氧化过程所得到的 $\ln k$ 与 $1000/T$ 线性拟合。求得的活化能和指前因子见表 2-10。13.71kJ/mol 作为处于还原态的原 Fe$_2$O$_3$/Al$_2$O$_3$ 在空气条件下氧化过程的活化能，均小于三种吸附剂修饰后的 Fe$_2$O$_3$/Al$_2$O$_3$ 颗粒，这表明吸附剂的修饰（尤其是 CaO 修饰）由于阻碍气固接触进而影响了氧载体颗粒的反应性能。总之，实验结果能够与利用 phase boundary-controlled（contracting cylinder）模型得到的活化能一致。

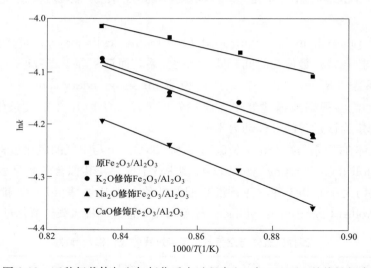

图 2-18　四种氧载体与空气氧化反应过程中 $\ln k$ 与 $1000/T$ 的线性拟合

表 2-10　　　　　　**不同氧载体颗粒与空气在 850～925℃内的氧化动力学参数**

氧载体种类	E(kJ/mol)	A
原 Fe$_2$O$_3$/Al$_2$O$_3$	13.71	0.071 83
K$_2$O 修饰 Fe$_2$O$_3$/Al$_2$O$_3$	20.21	0.128 48
Na$_2$O 修饰 Fe$_2$O$_3$/Al$_2$O$_3$	21.62	0.147 02
CaO 修饰 Fe$_2$O$_3$/Al$_2$O$_3$	24.20	0.171 98

为了对上述所确定的模型进一步的评价，根据 900℃下 phase boundary-controlled（contracting cylinder）模型计算得到氧化动力学参数进行求解转化率的变化过程，图 2-19 显示了所得到的模型计算结果与相应的实验结果。以图 2-19（a）为例（原 Fe$_2$O$_3$/Al$_2$O$_3$），尽管计算结果曲线的趋势与实验结果一致，但计算结果始终大

于实验结果，同时发现它们之间的差距具有先增加后减少的特点，这应该与该模型的固有特征有关。如图 2-19（b）、（c）和（d）所示，三种吸附剂修饰后的氧载体也呈现了相近的特征。总之，四种氧载体与空气的氧化动力学能够用该模型进行很好的描述，换而言之，该模型求得的动力学参数是可靠的。

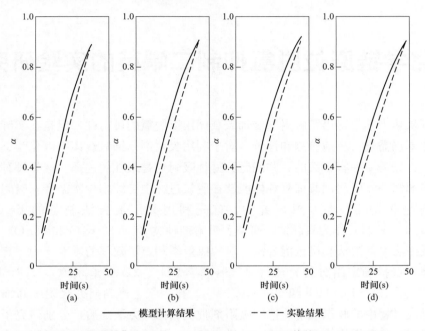

图 2-19　900℃下四种氧载体［(a)原 Fe_2O_3/Al_2O_3、（b）K_2O 修饰 Fe_2O_3/Al_2O_3、（c）Na_2O 修饰 Fe_2O_3/Al_2O_3 和（d）CaO 修饰 Fe_2O_3/Al_2O_3］的实验结果与模型计算结果的比较

（a）原 Fe_2O_3/Al_2O_3；（b）K_2O 修饰 Fe_2O_3/Al_2O_3；（c）Na_2O 修饰 Fe_2O_3/Al_2O_3；（d）CaO 修饰 Fe_2O_3/Al_2O_3

化学链原位脱氯抑制二噁英的实验研究

　　尽管从热力学上得出了吸附剂修饰氧载体用以脱氯的可行性，但是在实际反应过程中脱氯效率仍需进一步地检测和评价。对于利用吸附剂修饰氧载体用以化学链燃烧过程中脱氯，首先需要回答下面的一些问题：哪种吸附剂是最佳的选择？选择哪种修饰方法进行吸附剂修饰？吸附剂修饰氧载体能够在脱氯过程中持续多少次循环？吸附剂修饰天然铁矿石是否适用？在本章研究中，首先利用共沉淀方法制备的 Fe_2O_3/Al_2O_3（60wt.％/40wt.％）作为氧载体，研究了吸附剂种类（CaO、K_2O 和 Na_2O）和修饰方法（湿浸渍法、共溶法和机械混合法）对脱氯效率和燃烧效率的影响。为了定量地计算脱氯效率，选择确定组分的合成气（5.9vol.％CH_4、21.9vol.％CO、7.8vol.％CO_2、12.7vol.％H_2、1vol.％HCl 和 50.7vol.％N_2）作为气态燃料研究吸附剂修饰氧载体在化学链燃烧过程中的脱氯效率。选定吸附剂种类和修饰方法之后，分别研究了负载量和温度对脱氯效率和燃烧效率的影响，并进行了六十次的循环实验以及吸附剂修饰氧载体的再生研究。接下来，对吸附剂修饰天然铁矿石用于化学链燃烧过程中脱氯进行了研究，分别研究了修饰方式、负载量和温度对脱氯效率和燃烧效率的影响。希望本章研究能够对理解利用吸附剂修饰铁基氧载体来移除塑料垃圾化学链燃烧过程中氯元素提供了参考依据。

　　化学链燃烧由于它能够内分离温室气体 CO_2 而被认为一种非常有前景的燃烧方式。目前，更多的研究关注于固体燃料的利用，并在不同规模的反应器内对它的可行性进行了证明[96,142]。当前，对于固体燃料的化学链燃烧主要有三种方式：第一种，通过气化将固体燃料转化为合成气送入燃料反应器进行燃烧[170]；第二种，将固体燃料直接送入燃料反应器内，随后进行与氧载体颗粒的还原反应，即原位气化化学链燃烧（iG-CLC）[171]；第三种，利用氧载体在燃料反应器内释氧，进行燃料与气态氧的燃烧反应，这种方式称为化学链氧解耦（CLOU）[93]。

$$塑料垃圾热解 \longrightarrow 挥发分 + 焦炭 \tag{3-1}$$

$$C + H_2O = CO + H_2 \tag{3-2}$$

$$CO + H_2O = CO_2 + H_2 \tag{3-3}$$

$$CO + 3Fe_2O_3 = CO_2 + 2Fe_3O_4 \tag{3-4}$$

$$H_2 + 3Fe_2O_3 = H_2O + 2Fe_3O_4 \tag{3-5}$$

$$CH_4 + 12Fe_2O_3 = CO_2 + H_2O + 8Fe_3O_4 \tag{3-6}$$

$$4Fe_3O_4 + O_2 \Longrightarrow 6Fe_2O_3 \qquad (3\text{-}7)$$

本章利用铁基氧载体进行了塑料垃圾的 iG-CLC实验研究，实验过程的原理如图3-1所示。在燃料反应器内，一般利用水蒸气[172,173]为反应气氛使塑料垃圾与氧载体混合流化。依据反应式（3-1）～式（3-3），起初塑料垃圾能够快速的释放挥发分，之后焦炭在高温下与水蒸气发生气化反应，其中 CO、H_2 和 CH_4 为主要的气化产物。这些气化产物和挥发分随后与氧载体发生反应。反应式（3-4）～式（3-6）

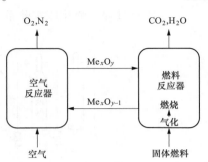

图3-1　固体燃料的 iG-CLC原理示意图

显示了塑料垃圾脱挥发分和气化过程的主要产物还原氧载体的过程。随后如反应式（3-7）所示，氧载体被转移到空气反应器，被氧化后的氧载体又被送入燃料反应器内进行新的循环。当吸附剂修饰到氧载体颗粒表面来实现脱氯时，这些吸附剂修饰的氧载体颗粒仍需要在塑料垃圾的 iG-CLC 过程中保持一个可靠的反应性。这样在塑料无害利用的前提下避免了脱氯的昂贵设备和能源消费。值得一提的是，尽管之前研究了含氯合成气的化学链燃烧过程中的脱氯效率和燃烧效率[174]，由于合成气与塑料垃圾的差异，进一步研究塑料垃圾的 iG-CLC 过程中的反应性仍是必要的。

3.1　含氯合成气化学链燃烧实验

3.1.1　实验部分介绍

（1）实验材料。本节中吸附剂修饰合成氧载体的制备过程，其中利用湿浸渍法分别进行了三种吸附剂（CaO、K_2O 和 Na_2O）修饰 Fe_2O_3/Al_2O_3 氧载体颗粒，该过程如第2章所述；另外，采用了共溶法和机械混合法进行了 CaO 吸附剂对 Fe_2O_3/Al_2O_3 氧载体颗粒的修饰，其中吸附剂与氧载体的质量比均为 5wt.％。共溶法修饰过程中，$Ca(NO_3)_2 \cdot 4H_2O$ 在氧载体共沉淀制备过程中溶于混合溶液，而机械混合法修饰则是把 $0.2 \sim 0.3mm$ CaO 直接与 Fe_2O_3/Al_2O_3 氧载体颗粒混合。

此处采用一种天然铁矿石作为廉价的氧载体进行了吸附剂修饰铁矿石的性能研究。铁矿石的组分见表2-3，铁矿石的物理化学特性见表2-4。对于吸附剂修饰铁矿石的测试，分别利用湿浸渍法和超声波浸渍法进行了吸附剂修饰铁矿石的制备。对于两种浸渍方法，$Ca(NO_3)_2 \cdot 4H_2O$（纯度>99.9wt.％；大小<5mm）作为前躯体，首先它溶于去离子水制备成 100mL 盐溶液。上述铁矿石被浸渍到溶液中。对于湿浸渍法来说，首先前躯体与铁矿石的混合物在常温下搅动 12h，之后在 105℃ 下以空气为气氛进行干燥。超声波浸渍法过程见 2.3.1 部分。需要指出的是，对于湿浸渍法，仅选择了 5wt.％ 作为负载量；对于超声波浸渍方法，分别选定了三个质量比（5wt.％、10wt.％ 和 15wt.％）。

本章中选择的气体燃料（5.9vol.％ CH_4、21.9vol.％ CO、7.8vol.％ CO_2、

12.7vol. ％ H_2、1vol. ％ HCl 和 50.7vol. ％ N_2）与第 3 章相同。

（2）实验过程。流化床实验系统图如图 3-2 所示。

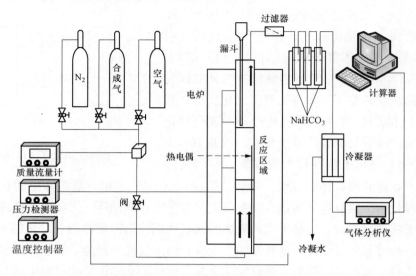

图 3-2　流化床实验系统图

（3）数据分析。对于脱氯实验，N_2 的体积流量（N_{N_2}）在标准条件下是恒定的。另外四种气体浓度（X_i，$i=CO_2$、CO、CH_4 和 H_2）可以通过在线烟气分析仪进行检测。$N_{i,out}$ 被定义为气体种类 i 的体积流量，并通过 N_2 平衡[151]计算了它们的数值，其计算式为

$$N_{i,out} = \frac{N_{N_2}}{1-\sum_i X_i}X_i \qquad (3-8)$$

气体 i 的体积（$V_{i,out}$）计算式为

$$V_{i,out} = \int_0^{t1} N_{i,out} dt \qquad (3-9)$$

式中：t_1 为检测出口气体（X_i，$i=CO_2$、CO、CH_4 和 H_2）的持续时间。

脱氯效率 η 的定义式为

$$\eta = \left(1-\frac{n_i}{n_0}\right)\times 100\% \qquad (3-10)$$

式中：n_0 为不同氧化还原过程中合成气含有氯元素的摩尔总量；n_i 为对应的氧化还原反应过程中 $NaHCO_3$ 吸收液中的氯元素摩尔含量［需要指出的是氯元素是利用离子色谱仪（ICS-90）测定的］。

利用烟气分析仪（Gasboard-3151）测定了 FR 尾气的可燃组分和 AR 尾气中的 CO_2。本工作定义了燃烧效率（ϕ）用以计算引入的燃料在整个还原过程中完全转化为 CO_2 和 H_2O 的程度。它代表了可燃气体的燃尽程度，同时也反映了氧载体的反应性。燃烧效率的定义如式（3-11）所示，即

$$\phi = \left(1 - \frac{0.5V_{CO,out,FR} + 0.5V_{H_2,out,FR} + 2V_{CH_4,out,FR} + V_{CO_2,out,AR}}{0.5V_{CO,in,FR} + 0.5V_{H_2,in,FR} + 2V_{CH_4,in,FR}}\right) \times 100\% \quad (3\text{-}11)$$

式中：$V_{CO,in,FR}$、$V_{H_2,in,FR}$ 和 $V_{CH_4,in,FR}$ 分别为燃料反应器进口的可燃气体积；相似地，$V_{CO,out,FR}$、$V_{H_2,out,FR}$ 和 $V_{CH_4,out,FR}$ 分别为燃料反应器出口的可燃气体积；$V_{CO_2,out,AR}$ 为空气反应器出口的 CO_2 体积。

3.1.2 修饰合成氧载体的实验研究

（1）吸附剂种类的影响。无修饰的氧载体颗粒及分别修饰 5wt.％CaO、K$_2$O 和 Na$_2$O 吸附剂的四种氧载体所得到的脱氯效率和燃烧效率，如图 3-3 所示。另外，四组氧载体在流化床上的气体组分如图 3-3 所示。如图 3-3（a）所示，当氧载体没有修饰吸附剂时，脱氯效率接近于零。这结果表明 Fe$_2$O$_3$ 几乎不与 HCl 反应，这与第 2 章的热力学模拟结果是一致的。对于三种吸附剂（CaO、K$_2$O 和 Na$_2$O）修饰的氧载体，它们的脱氯效率分别是 74.78％、67.07％和 73.27％。在这些氧载体中，CaO 修饰氧载体呈现了最佳的脱氯效率。可以发现，实验结果与第 2 章的热力学模拟结果以及第 3 章的等温动力学结果是一致的。此外，脱氯效率应该与吸附剂与 HCl 的反应性有关，也与流化床反应器内传质和传热的特征有关，同时与吸附剂的物理特性有关，例如比表面积和空隙率。另外，在图 3-3（a）中发现脱氯效率对于单一还原过程、五次氧化还原过程和十次氧化还原过程中没有呈现明显的不同。这表明在氧化阶段中并没有的 Cl$_2$ 释放，也就是说在燃料反应器内生成的氯化物并不能在空气反应器内被 O$_2$ 氧化。还有，通过十次连续的氧化还原循环过程说明了三种吸附剂修饰氧载体脱氯性能以及反应性的稳定。

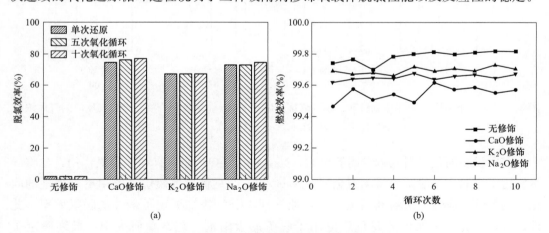

(a)   (b)

图 3-3　不同吸附剂修饰下的脱氯效率和燃烧效率

（a）脱氯效率；（b）燃烧效率

如图 3-3（b）所示，三种吸附剂修饰都导致了燃烧效率的下降。事实上，在还原过程中少量的碳沉积在氧载体的表面，并在随后的 AR 中燃烧。这导致了 FR 内的不完全燃烧。进一步发现，燃烧效率与脱氯效率呈负相关。首先，这个结果应该与批次燃烧实验的气体扩散限制有关。另一个合理的解释是吸附剂修饰阻碍了活性晶格氧的传递，导致了少量的 Fe 和 FeO 生成。在热力学上，Fe 和 FeO 的出现将导致碳沉积的出现[142]。图 3-3 显示了四种氧载体在单次氧化还原过程中的气体组分浓度。对于这四组实验，O_2 的浓度均降低至接近为零，之后合成气被引入了反应器。接下来，CO_2 的浓度迅速增加到 35%，这表明了铁基氧载体具有可靠的反应性。当合成气停止后，CO_2 的浓度迅速降低至 3% 左右，并随后缓慢延迟到零。如图 3-4 (a)~(d) 所示，在氧化阶段产生了少量的 CO_2，这些 CO_2 的浓度不超过 2%。这些少量的 CO_2 主要源于甲烷分解[175]产生残炭的燃烧。相比于无修饰的氧载体颗粒，吸附剂修饰氧载体之后导致了更多的碳沉积。若使用更多的氧载体颗粒，推测可以获得更高的燃烧效率（本研究中氧载体颗粒的化学计量比为 1）。

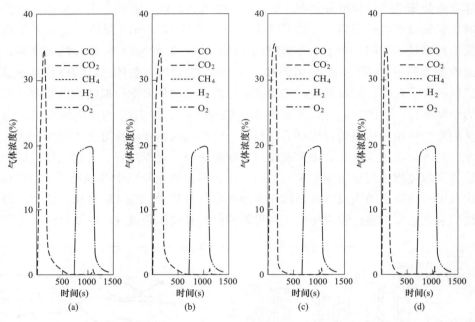

图 3-4　900℃下不同氧载体［无修饰、CaO 修饰、K_2O 修饰、Na_2O 修饰］与合成气反应的气体浓度
(a) 无修饰；(b) CaO 修饰；(c) K_2O 修饰；(d) Na_2O 修饰

需要说明的是，引入碱金属氧化物（Na_2O 和 K_2O）能够有利于脱氯作用，也将产生氯化碱金属。一般认为氯化碱金属（NaCl 和 KCl）将导致燃烧系统中更难处理的问题，例如低反应性、结渣和污垢。幸运地发现，CaO 修饰展现了最佳的脱氯效率。此外，CaO 也是一个廉价的并且广泛用于脱硫的吸附剂。在本章研究中，最终确定了 CaO 吸附剂为最佳的选择。

（2）修饰方法的影响。图 3-5 显示了无修饰氧载体以及分别利用三种修饰方法（湿浸渍、共溶法和机械混合法）修饰 CaO 吸附剂的氧载体的脱氯效率和燃烧效率。对于三种修饰方式，脱氯效率分别为 76.95%、62.85% 和 43.43%。如图 3-5 (a) 所示，在这四种氧载体中，湿浸渍方法呈现了最高的脱氯效率。为了进一步分析三种修饰方法下 CaO 修饰对氧载体反应性能的影响，图 3-5 (b) 显示了十次循环的燃烧效率。对于湿浸渍法，CaO 导致了一个更低的燃烧效率，并且与共溶法的结果相近。然而，机械混合法展现了一个更高的燃烧效率，它与未修饰的氧载体结果非常接近。如 3.3.1 部分所述，CaO 部分地阻碍了氧载体与合成气的接触，这应该是最主要的原因。总的来说，湿浸渍法对于脱氯作用是 CaO 修饰的最佳方式，同时也呈现了较可靠的燃烧效率。

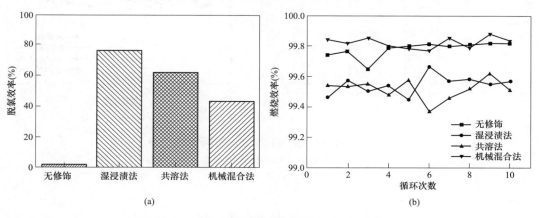

图 3-5　不同修饰方法下的脱氯效率 a 和燃烧效率
（a）脱氯效率；（b）燃烧效率

（3）CaO 负载量的影响。CaO 负载量不仅能够影响着脱氯效率和燃烧效率，也能决定着吸附剂修饰氧载体的使用次数。无修饰氧载体以及其分别被 5wt.％、10wt.％和 15wt.％CaO 修饰的氧载体在批次流化床上进行了含 HCl 合成气的化学链燃烧实验。如图 3-6（a）所示，三种不同 CaO 负载量的氧载体对脱氯效率的影响并不明显。一个可能的原因是，5wt.％CaO 含量足以十次循环中脱氯的需要量（根据 HCl 的摩尔数量，5wt.％CaO 含量能够持续 80 次循环）。图 3-6（b）显示了这四种氧载体的燃烧效率。相似地，三种不同的 CaO 负载量均导致了燃烧效率的降低，同时这三种不同 CaO 负载量之间的区别并不明显。一般来说，更高的 CaO 负载量能够吸收更多的 CO_2（促进 $CH_4 + 12Fe_2O_3 \Longrightarrow CO_2 + 8Fe_3O_4 + 2H_2O$ 和 $CO + 3Fe_2O_3 \Longrightarrow CO_2 + 2Fe_3O_4$ 向右进行），同时也阻碍了部分氧载体与可燃气体接触。在这两方面共同作用下，并没有使燃烧效率有明显的变化。总的说来，不同的 CaO 负载量没有对脱氯效率和燃烧效率带来明显影响。最后，5wt.％CaO 被认为是最佳的 CaO 负载量。

（4）温度的影响。以 5wt.％CaO 修饰的 Fe_2O_3/Al_2O_3 为氧载体，分别在四个温度（850、875、900 和 925℃）下研究了温度对脱氯效率和燃烧效率的影响。图 3-7（a）显示出，提高温度能够明显地改善脱氯效率。当温度达到 925℃ 时，脱氯效率达到了 80％。一般认为，高温有利于加快气固反应（包括 HCl 和 CaO 反应）[169]。这应该是提高脱氯效率的主要原因。然而，更高的温度却有助于甲烷的分解[175]，这将导致更多的碳沉积。此外，化学链燃烧方式是在无自由氧的条件下进行的，生成的碳沉积很难被氧载体氧化[82]，最终导致了更低的燃烧效率，结果如图 3-7（b）所示。需要说明的是，使用更多的氧载体颗粒将会克服由吸附剂修饰带来的影响。

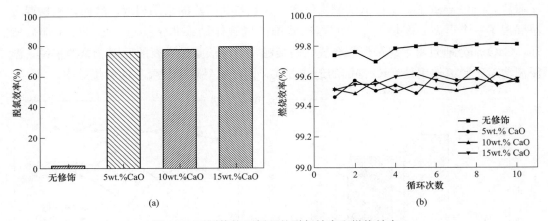

图 3-6　不同修饰比例下的脱氯效率和燃烧效率
（a）脱氯效率；（b）燃烧效率

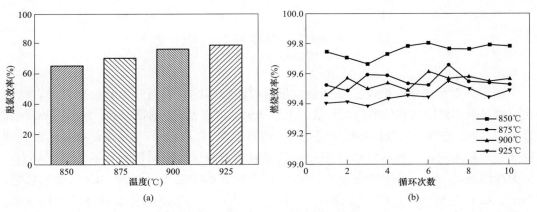

图 3-7　不同温度下的脱氯效率和燃烧效率
（a）脱氯效率；（b）燃烧效率

（5）六十次循环测试。选择 5wt.％CaO 修饰的 Fe_2O_3/Al_2O_3 为氧载体，在 900℃下进行了六十次循环用以测试了脱氯效率的持续性。如图 3-8（a）所示，持续的六十次循环呈现出了脱氯效率的降低。在三十次循环时，脱氯效率降为 65％，并且在三十次循环之后脱氯效率出现了显著下降。脱氯效率降低可归因为在多次氧化还原过程中，氧载体表面的 CaO 可能发生的脱落引起的。从图 3-8（b）可以发现，随着循环次数的增加，CaO 的脱落也导致了燃烧效率的增加。对于 CaO 脱落的检测，将在 3.3.6 部分有相关报道。

（6）ESEM-EDX 表征。为了进一步评价 CaO 修饰的影响，利用 ESEM-EDX 分别对十次循环之后的无修饰 Fe_2O_3/Al_2O_3 氧载体颗粒、新鲜的 5wt.％CaO 修饰 Fe_2O_3/Al_2O_3 氧载体颗粒及其分别在十次循环、三十次循环、六十次循环之后的氧载体颗粒进行了表征。如图 3-9（a）和（c）所示，在两种氧载体颗粒上均检测到了 Fe、Al、C 和O 元素。其中，C 元素主要是源于用以增加样品导电能力的喷碳。值得注意的是在十次

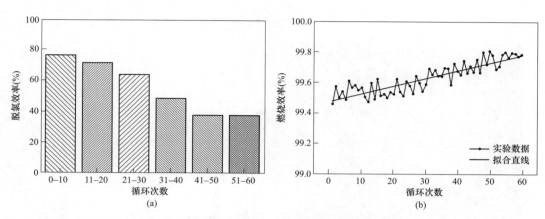

图 3-8　六十次循环过程的脱氯效率 a 和燃烧效率
（a）脱氯效率；（b）燃烧效率

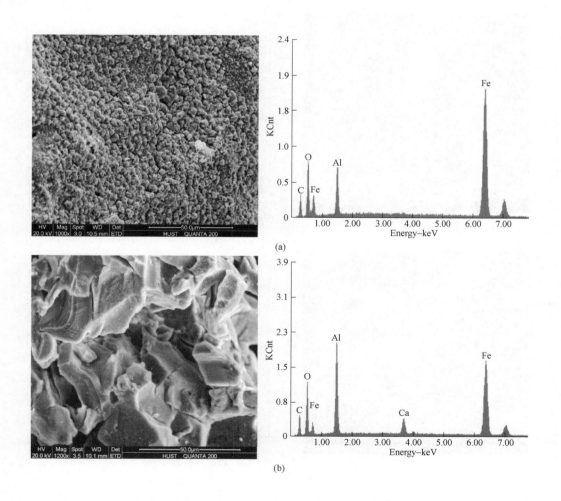

43

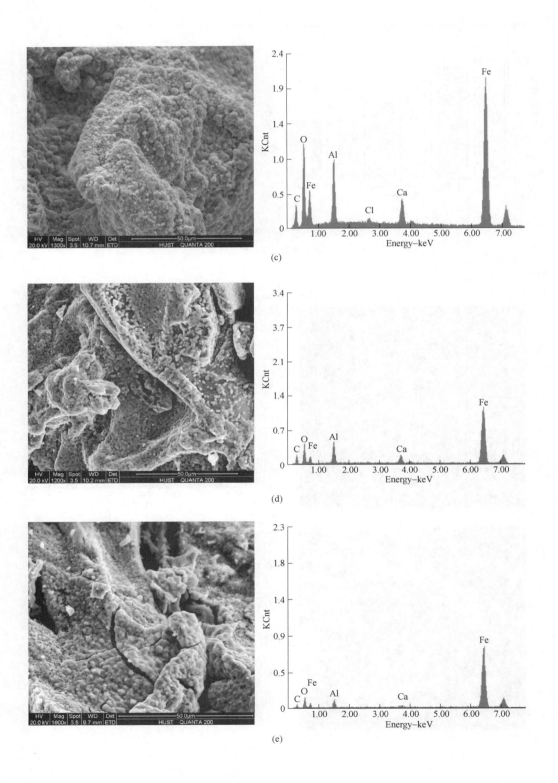

(c)

(d)

(e)

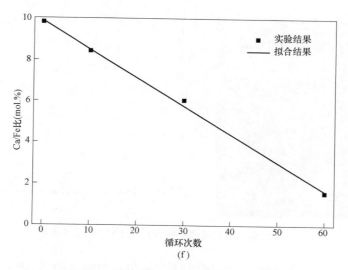

图 3-9　不同氧载体颗粒的 ESEM-EDX 表征

(a) 十次循环之后无修饰氧载体的还原态；(b) 新鲜 5wt.％CaO 修饰氧载体；
(c) 十次循环之后 5wt.％CaO 修饰氧载体的还原态；(d) 三十次循环之后 5wt.％CaO 修饰氧载体的还原态；
(e) 六十次循环之后 5wt.％CaO 修饰氧载体的还原态；(f) 多次氧化还原过程中 Ca 与 Fe 的摩尔比变化

循环之后的 CaO 修饰氧载体颗粒表面检测到了 Cl 元素，如图 3-9 (c) 所示。然而在无修饰的氧载体颗粒表面并没有检测到 Cl 元素 ［见图 4-8(a)］。这个结果表明，CaO 与 HCl 生成的氯化物能够在氧载体表面积累，也与第 2 章的热力学结果是一致的。如图 3-9 (b) 所示，5wt.％CaO 含量能够均匀地分布在氧载体颗粒表面。EDX 检测结果清晰地表明 CaO 吸附剂在多次循环过程中的脱落。图 3-9 (f) 显示出 Ca 与 Fe 的摩尔比随着循环次数的增加呈下降趋势（从起始的 9.8mol.％下降到 1.6mol.％）。随着循环次数的增加，Ca 与 Fe 摩尔比的下降也解释了相应的脱氯效率的下降 ［见图 3-8(a)］和燃烧效率的线性增加 ［见图 3-8(b)］放入现象。

此外，利用稀盐酸水洗了三十次循环之后的 CaO 修饰 Fe_2O_3/Al_2O_3 氧载体颗粒用以验证吸附剂修饰氧载体的再生。图 3-10 显示了水洗之后氧载体的 ESEM-EDX 表征。结果表明残余的 CaO 吸附剂可以通过稀盐酸水洗进行消除，这说明了 CaO 修饰的氧载体可以实现再生。总的来说，这些结果证实了利用 CaO 修饰氧载体用以脱氯的可行性。更多的研究工作需要用来研究脱氯效率的降低和抑制长期循环过程中 CaO 吸附剂的脱落。此外，塑料垃圾的化学链燃烧以及 PCDD/Fs 排放的降低将在第 5 章进一步的验证。

3.1.3　修饰铁矿石的实验研究

（1）修饰方式的影响。在上述 CaO 吸附剂修饰合成铁基氧载体的研究中，选定了湿浸渍法为 CaO 吸附剂修饰氧载体用于化学链燃烧中移除 HCl 的最佳方法。由于天然铁矿石与合成氧载体的本质区别（包括表面致密程度），在利用铁矿石为氧载体时仍然有必要对修饰方法进行优化。因此在 900℃下利用批次流化床分别对无修饰铁矿石以及其分别通过两种修饰方式（湿浸渍法和超声波浸渍法）修饰 5wt.％CaO 的氧载体进行

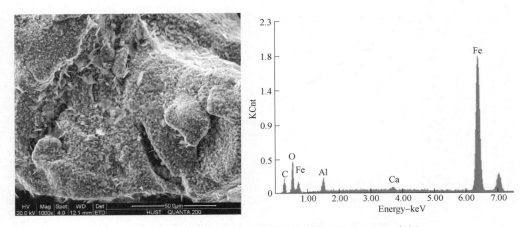

图 3-10　三十次循环后的氧载体水洗后的 ESEM-EDX 表征

了含 HCl 的合成气的化学链燃烧实验。图 3-11 显示了三组实验的脱氯效率和燃烧效率结果。首先，当无修饰铁矿石为氧载体时，脱氯效率接近为零，这表明铁矿石几乎不能与 HCl 反应。对于湿浸渍法和超声波浸渍法来说，脱氯效率分别为 39.1% 和 63.7%。与合成氧载体不同的是，湿浸渍法修饰铁矿石并没有达到一个理想脱氯效率[174]。可能的原因是，天然铁矿石表面相对致密，在反应过程中铁矿石与 CaO 出现了严重的分离现象。另外，三组实验（无修饰铁矿石、湿浸渍法修饰以及超声波浸渍法修饰）的燃烧效率分别为 97.51%、96.89% 和 94.62%。对于两种湿浸渍来说，尤其是超声波浸渍法，导致了一个更差的燃烧效率。其主要原因仍是 CaO 修饰部分地阻碍了可燃气体与氧载体颗粒的接触。

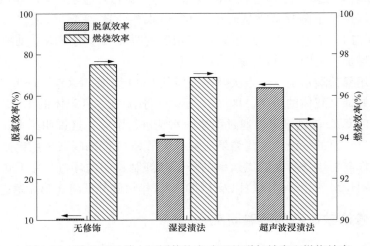

图 3-11　铁矿石及其在不同修饰方式下的脱氯效率和燃烧效率

图 3-12 显示了单次氧化还原过程中利用三种氧载体颗粒时得到的主要气体浓度特性。对于无修饰铁矿石［见图 3-12(a)］，很少的可燃气体存在于尾气中，这应该与铁矿石的反应性有关。对于两种浸渍法，尤其是超声波浸渍法［见图 3-12(c)］，导致了更多

的可燃气体存在与尾气中，这表明由于铁矿石部分表面被 CaO 覆盖而降低了反应性能。值得注意的是，三种氧载体在氧化阶段均产生了少量的 CO_2，但是它的浓度不超过 2%。如 3.3.1 部分所述，一般认为 CH_4 在高温条件下能够分解[175]并且产生的碳沉积在 N_2 气氛下不能被氧化。因此少量的 CO_2 应该来自积碳在空气气氛下的燃烧。总的来说，尽管超声波浸渍法导致了一个相对较差的燃烧效率，也被认为是一个吸附剂修饰铁矿石方法的最佳选择。最终，希望通过提高氧载体的计量比来获得更好的燃烧效率（本研究中化学计量比为 1）。

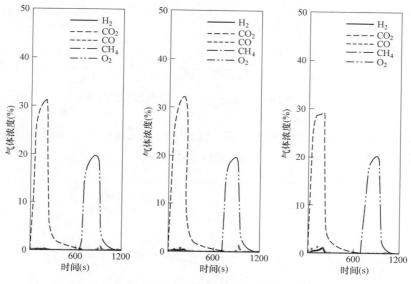

图 3-12   铁矿石以及分别在不同修饰方式下的气体组分

（2）负载量的影响。CaO 负载量是一个重要的研究因素，它不仅能潜在地影响脱氯效率还能决定 CaO 修饰铁矿石的循环次数。铁矿石及其通过超声波浸渍法分别修饰 5wt.%CaO、10wt.%CaO 和 15wt.%CaO 吸附剂作为氧载体，在 900℃下利用一个批次流化床反应器进行了含 HCl 合成气的化学链燃烧实验。图 3-13 显示了不同负载量下的脱氯效率和燃烧效率。值得注意的是，尽管更高的 CaO 含量带来了更高的脱氯效率，但是三组脱氯效率并没有明显的差异。一个合理的解释是，更多的 CaO 含量增加了 CaO 与 HCl 的接触机会，并且这些吸附剂均远超过脱氯的要求（根据 HCl 的摩尔量，5wt.%CaO 含量在脱氯效率为 100% 的情况下能满足 80 次的循环要求）。另外，随着 CaO 含量的增加，燃烧效率呈现了一个下降的趋势。如 3.4.1 部分所述，更多的 CaO 含量更为严重地妨碍了氧载体与合成气的接触。值得说明的是，这些燃烧效率均未小于 93.21%。

（3）温度的影响。温度也是化学链燃烧过程的重要参数。选择了四个炉温（850、875、900 和 925℃）研究了温度对脱氯效率和燃烧效率的影响。图 3-14 显示了以 5wt.%CaO 超声波浸渍法修饰铁矿石为氧载体在四组温度下的脱氯效率和燃烧效率。可以发现脱氯效率随着温度的增加有所提高。当温度达到 925℃时，脱氯效率为 67.09%。

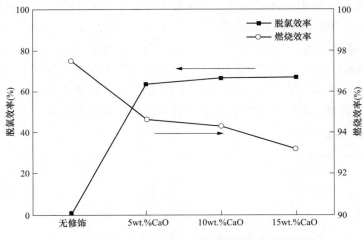

图 3-13　不同 CaO 负载量下的脱氯效率和燃烧效率

更高的温度能够加速气体与固体间的反应（包括 HCl 和 CaO）[169]。另外，提高温度也改善了脱氯效率，但是该影响在 900～925℃的区别不明显。

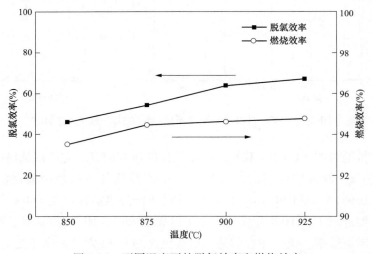

图 3-14　不同温度下的脱氯效率和燃烧效率

（4）十次循环测试。选用超声波浸渍法修饰和湿浸渍法修饰的两种氧载体在 900℃下进行了十次连续循环实验用以检测脱氯效率和燃烧效率的持续能力，其中湿浸渍法作为参照实验。如图 3-15 所示，利用超声波浸渍法获得的脱氯效率始终没有低于 61.8%，并且高于湿浸渍法。值得注意的是两种修饰方法下的脱氯效率均呈现了一个下降的趋势。另外，对于超声波浸渍法，燃烧效率总是维持在 94.6%～94.8%之间，略次于湿浸渍方法。一个合理的解释是，相比于湿浸渍法，超声波浸渍法能够使 CaO 牢固地黏附在铁矿石颗粒表面。总的来说，超声波浸渍法是 CaO 修饰铁矿石用以在化学链燃烧过程中脱氯的一种理想方法。需要说明的是，获得更高的燃烧效率需要进一步的研究。

（5）ESEM-EDX 表征。为了进一步评价超声波浸渍法，利用 ESEM-EDX 对十次循

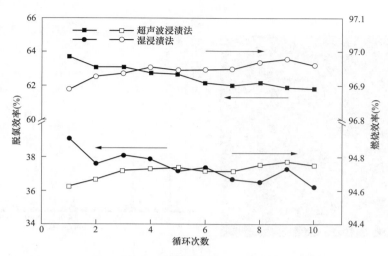

图 3-15　用两种氧载体在十次连续循环过程中的脱氯效率和燃烧效率

环后的氧载体（无修饰铁矿石以及用超声波浸渍法和湿浸渍法修饰 5wt.％CaO 吸附剂铁矿石）进行了表征。如图 3-16（a）～（c）所示，在三种氧载体表面均检测到了 C、O、Fe、Al 和 Si 元素。在这些元素中，C 来源于用以提高样品导电能力的喷碳。值得注意的是，在两个 CaO 修饰的铁矿石氧载体表面均检测到 Ca 元素和 Cl 元素［见图 3-16（b）～（c）］，然而在无修饰的铁矿石表面并没有检测到这两种元素［见图 4-15（a）］。这一现象表明 CaO 能够黏附在铁矿石表面同时 Cl 元素能够固定在氧载体颗粒表面。值得注意的是，相比于湿浸渍法［见图 3-16（b）］，超声波湿浸渍法呈现了更致密的表面［见图 3-16(c)］。相应地，图 3-16（c）中呈现出了更多的 CaO 含量，并与脱氯效率的正相关关系。另外，对两种修饰后的氧载体进行了截面表征，湿浸渍和超声波浸渍法的结果分别如图 3-16（d）～（e）所示。结果发现，超声波浸渍法更容易使 CaO 吸附剂进入铁矿石缝隙。总之，相比于湿浸渍法，超声波浸渍法更容易将 CaO 固定在铁矿石表面并更适合作为修饰铁矿石用于脱氯的方法。

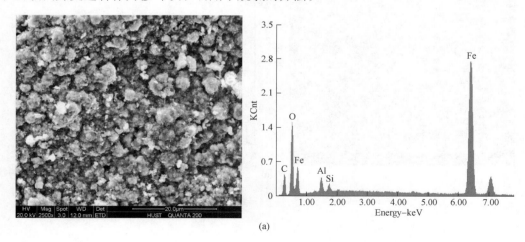

(a)

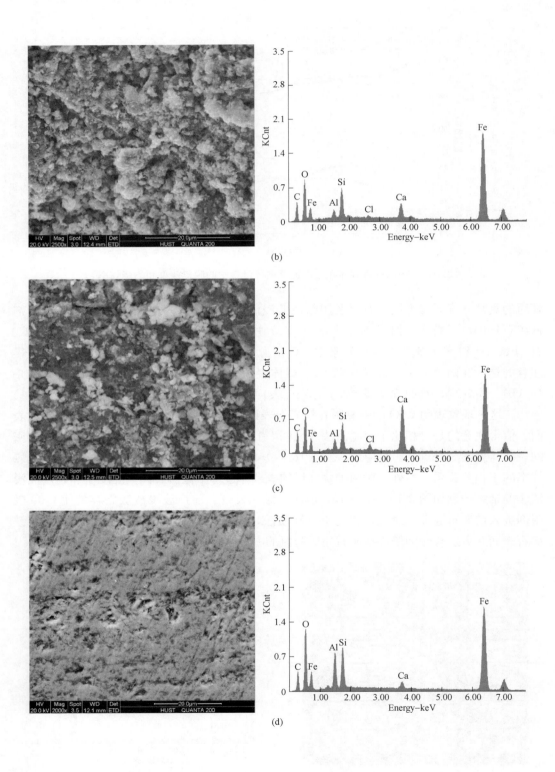

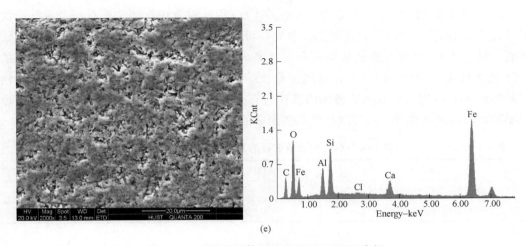

图 3-16 不同氧载体颗粒的 ESEM-EDX 表征

（a）无修饰铁矿石十次循环后的还原态表面；（b）5wt.％CaO 湿浸渍修饰铁矿石十次循环后的还原态表面；

（c）5wt.％CaO 超声波湿浸渍铁矿石十次循环后的还原态表面；

（d）5wt.％CaO 湿浸渍修饰铁矿石十次循环后的还原态截面；

（e）5wt.％CaO 超声波湿浸渍铁矿石十次循环后的还原态截面

（6）XRD 晶相分析。如图 3-17（a）和图 3-17（b），XRD 检测发现 Fe_3O_4 是两种修饰氧载体的主要晶相。这表明绝大多数 Fe_2O_3 被还原为 Fe_3O_4，而只有少量的 Fe_2O_3 被深度还原为 Fe。另外，Fe_2O_3 作为活性组分在两种氧载体中仍然存在。注意到 CaO-SiO_2 和 $Ca_2Fe_2O_3$ 是 CaO 的主要晶相，这应该归因于 CaO 在铁矿石表面的吸附。

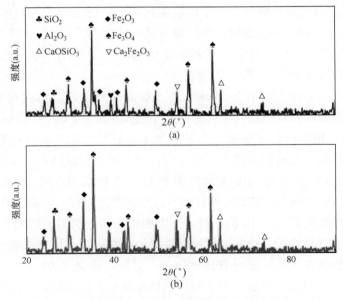

图 3-17 不同修饰方法下 CaO 修饰铁矿石的还原态晶相

（a）湿浸渍法；（b）超声波浸渍法

（7）BET 的测试。表 3-1 显示了 5wt.％CaO 用两种方法修饰铁矿石与合成气十次循环之后的 BET 比表面积和孔体积。首先，可以发现两种修饰后的氧载体相比于原铁矿石（见表 2-4）有更大的比表面积和孔体积。一般来说，CaO 比铁矿石具有更大的 BET 比表面积[176]和孔体积[177]，这应该是该结果的主要原因。其次，通过超声波浸渍法修饰的铁矿石比用湿浸渍法修饰的铁矿石具有更高的 BET 比表面积和孔体积，这也说明超声波浸渍法相比于湿浸渍法能够将更多的 CaO 黏附在铁矿石表面。

表 3-1　　　　两种 5wt.％CaO 修饰铁矿石的 BET 比表面积和孔体积

样品	BET 比表面积（m²/g）	孔体积（×10⁻³ cm³/g）
用过湿浸渍法修饰铁矿石	1.36	3.66
用过超声波浸渍法修饰铁矿石	1.52	4.77

3.2　塑料垃圾化学链燃烧实验

3.2.1　实验部分介绍

（1）实验材料。第 2 章所述的塑料垃圾为研究的样品，其元素分析、工业分析和低位发热量见表 2-1，其灰分分析见表 2-2。第 2 章提到的利用湿浸渍法得到的 5wt.％CaO 修饰 Fe_2O_3/Al_2O_3 作为氧载体用于研究吸附剂修饰合成氧载体。同样，第 2 章提到的利用超声波浸渍法得到的 5wt.％CaO 修饰铁矿石用于研究吸附剂修饰铁矿石的反应性能。关于铁矿石的组分见表 2-3，新鲜铁矿石的物理化学特性见表 2-4。

（2）实验参数与实验步骤。在一个批次流化床上进行了塑料垃圾的 iG-CLC 实验。对实验系统（见图 3-18）的详细描述可以参考其他文献[178,179]。在这组实验中，水蒸气与氮气的混合气作为 iG-CLC 中还原阶段的流化气，空气为 iG-CLC 中氧化阶段或者作为传统焚烧过程的流化气，其气体流量为 600mL/min。其中，去离子水经过恒流泵（TBP5002，Shanghai Tauto Biotech）进入水蒸气发生器，随后在 350℃下进行预热。起初，30g 氧载体颗粒通过反应管上部漏斗放入反应器，在空气气氛下加热到设定温度并保持 30min 用以保证充分氧化。通过加压的氮气将确定质量的塑料垃圾［根据式（3-12）计算得出］经过漏斗进入反应器内。对于吸附剂修饰合成氧载体的实验，反应器出口的尾气首先经过过滤器来移除颗粒物，之后经过 15g 的 XAD-2 树脂吸附 PCDD/Fs 或者经过 100ml 的甲基橙吸收液用以吸收产生的 Cl_2。需要说明的是尾气的温度高于 200℃能够避免 PCDD/Fs 的冷凝，更需要指出的是利用不同的 XAD-2 树脂分别对于塑料垃圾 iG-CLC 中的氧化和还原过程进行了吸收。关于甲基橙吸收液的制备过程和 Cl_2 标准线的绘制在 5.2.3 部分有详细描述，另外，定义了 Cl_2 的产率用来表示 Cl_2含量占塑料垃圾总质量的百分数。对于吸附剂修饰铁矿石的实验，在冰浴条件下利用甲苯有机溶液吸收尾气中包含氯苯在内的有机物质，之后并通过气质联用仪（GC-MS）对甲苯吸收液进行了检测。接下来，尾气再经过电冷凝器来移除气体中的水蒸气，随后经过一个在线烟气分析仪（Gasboard-3151）来检测 CO_2、CO、CH_4、H_2 和 O_2 的气体浓度。通过与计算机连接的数据检测器实时地记录了浓度。最后，利用一个气袋收集了剩余的尾气，并利用一个气相色谱分析仪（Agilent 3000A micro-GC）测定其他气体的组分。在这组实验之后，利用 X 射线衍射仪（Shimadzu，XRD-7000）测试了氧载体颗粒的晶相，利用比表面积和孔分析仪（Micromeritics ASAP3000）在 77K 温度条件下通过氮吸附和解析方式测试了氧载体的比表面积，利用环境扫描电镜耦合 X 射线能谱分散系统（ESEM-EDX，FEI Quanta 2000）分析了氧载体表面的形貌和组分，利用 X 射线光电子能谱仪 XPS（XPS，AXIS ULTRA）测定了灰分的化学元素。

对于 XAD-2 树脂中 PCDD/Fs 的测试，利用高分辨气质联用仪（HRGC/HRMS）测试了五个 XAD-2 树脂（一个传统焚烧；Fe_2O_3/Al_2O_3 为氧载体时的氧化阶段和还原阶段；CaO 修饰 Fe_2O_3/Al_2O_3 为氧载体时的氧化阶段和还原阶段）中的 17 种毒性 PCDD/Fs 同分异构体，其中色谱柱为 60m×0.25mm×0.25m。利用 US EPA 1613 方法进行的 PCDD/Fs 清洗过程如下：首先，利用 1ng 的 $^{13}C_{12}$ 对 XAD-2 树脂进行内标，之后采用 250mL 的甲苯进行索氏提取。索氏提取是指利用旋转式蒸发器将甲苯溶液浓缩为 1~2mL 并在高纯氮吹气的条件下转移到离心管内。随后进行的 GC 升温程序为：在 150℃ 下不分流将 1μL 样品注入色谱柱，并在 150℃ 条件下保温 3min，之后在 25℃/min 升温速率条件下升至 190℃，接着以 3℃/min 的升温速率升至 280℃ 并保持 20min。对于甲苯吸收液中氯苯的测试，利用气质联用仪 GC-MS 测试了两个样品（原铁矿石和 CaO 修饰铁矿石）中氯苯的含量，其中色谱柱为安捷伦 19091S-433。优化的 GC 升温程序为：在 50℃ 下不分流将 1μL 样品注入色谱柱，并在 50℃ 条件下保温 3min，之后在 20℃/min 升温速率条件下升至 300℃ 并保持 3min。为了保证实验的可靠性，所有的测试至少重复了两次。

另外，又重复进行了这三组不同实验条件下的实验，并利用一个紫外可见光光度计（UV/VIS）测试了甲基橙吸收液中 Cl_2 产率。

为了研究塑料垃圾的质量在 CLC 系统中对氧载体反应性的影响，本章定义了供氧比（ϕ），如式（3-12）所示。

$$\phi = \frac{n_{O,OC}}{n_{O,plastic.\,waste}} \tag{3-12}$$

式中：$n_{O,OC}$ 为氧载体在 CLC 过程中有效载氧的摩尔量；$n_{O,plastic.\,waste}$ 为塑料垃圾完全燃烧时需要氧的摩尔量。

$$n_{O,OC} = m_{OC} \times \frac{\beta_{Fe_2O_3}}{3M_{Fe_2O_3}} \tag{3-13}$$

$$n_{O,plastic.\,waste} = m_{plastic.\,waste}\left(\frac{0\beta_N}{M_N} + \frac{2\beta_C}{M_C} + \frac{2\beta_S}{M_S} + \frac{\beta_H}{2M_H} - \frac{\beta_O}{M_O} - \frac{\beta_{Cl}}{2M_{Cl}}\right) \tag{3-14}$$

式中：β_i 为氧载体中活性成分（Fe_2O_3）以及塑料垃圾中元素组分（N、C、S、H、O 和 Cl）的质量分数；m_{OC} 为氧载体被完全氧化时的质量；$m_{plastic.\,waste}$ 为送入反应器内塑料垃圾的质量；M_i 为 i 的摩尔质量。

假设塑料垃圾中的元素在燃料反应器内仅仅被氧化为 N_2、CO_2、SO_2 和 H_2O，而 HCl 是含氯污染物的唯一形式，得到式（3-14）。

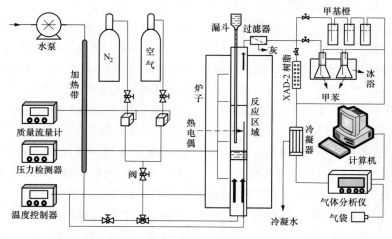

图 3-18　流化床实验系统图

（3）甲基橙分光光度法。测量原理：含溴化钾、甲基橙的酸性溶液和氯气反应，氯气能够将溴离子氧化成溴，溴能在酸性溶液（硫酸）中将使甲基橙的红色减退，分光光度法测定其褪色的程度进而确定氯气含量，其反应方程式为

$$Cl_2 + 2KBr \longrightarrow 2KCl + Br_2 \tag{3-15}$$

$$2Br_2 + (CH_3)_2NC_6H_4N \Longrightarrow NC_6H_4SO_3Na \longrightarrow (CH_3)_2NC_6H_4NBr_2 + Br_2NC_6H_4SO_3Na \tag{3-16}$$

$$5KBr + KBrO_3 + 3H_2SO_4 \longrightarrow 3Br_2 + 3H_2O + 3K_2SO_4 \tag{3-17}$$

甲基橙吸收使用液的制备：量取密度 $\rho = 1.84g/mL$ 的浓硫酸 100mL，缓慢地、边倒边搅拌加入到 600mL 水中，制备成 1＋6 硫酸溶液；之后，取 0.1000g 甲基橙，并溶于 100mL40～50℃水中，之后冷却至室温，再添加无水乙醇 20mL，放入 1000mL 容量瓶，并加水稀释至刻度，混匀，最后甲基橙储备液制备完成；然后，使用吸管移取 250mL 甲基橙吸收储备液放入 1000mL 容量瓶中，并加入 500mL1＋6 硫酸溶液，再添加 5.0g 溴化钾，待溶解后用水稀释至刻度，并混匀，完成甲基橙吸收使用液制备。

标准曲线的绘制：称取 1.9627g 溴酸钾，溶于少量水后并放入 500mL 容量瓶，且加水稀释至刻度，混匀。完成溴酸钾标准贮备液制备，此时溴酸钾标准贮备溶液每毫升相当于 5.00mg 氯；接下来，用吸管移取 10mL 溴酸钾标准贮备液放入 1000mL 容量瓶，并加水稀释至刻度，混匀，完成溴酸钾标准使用液的制备，此溴酸钾标准使用液每毫升相当于 50.0mg 氯；将 7 只 100mL 容量瓶分别加入 20.0mL 甲基橙吸收使用液，并用移液器按次序放入 0.00、0.20、0.40、0.80、1.20、1.60、2.00mL 溴酸钾标准使用液（依次相当于含氯量 0、10、20、40、60、80、100μg），再用水进行稀释至刻度，并混匀。待 40min 后，用 1cm 比色皿，在波长 507～515nm 处，以水作为参照进行吸光度的测定。利用吸光度对氯含量（μg）绘制标准曲线得到标准曲线的线性回归方程。

（4）数据评价。对合成氧载体参数的优化：化学链燃烧过程中的碳转化主要依赖于塑料垃圾的热解和氧载体氧化塑料热解气的过程，而不是空气反应器内焦炭的燃烧过程，特别是对于高挥发分的塑料垃圾更是如此。从表 2-1 可知，塑料垃圾的固定碳含量非常小，进而可以说明空气反应器内焦炭的燃烧是可以忽略的。在燃料反应器内 N_2 的摩尔流量在标准条件下是恒定的，因此可以根据氮平衡计算其他气体产物 i 的气体流量 $F_{i,\text{out}}(t)$（$i=CO_2$、CO、CH_4 和 H_2），计算式如（3-18）所示。

$$F_{i,\text{out}}(t) = \frac{F_{N_2}}{(1-\sum_i y_i)} y_i \tag{3-18}$$

式中：y_i 为干燥基外出口各组分 i（CO、CO_2、CH_4 和 H_2）的摩尔分数。

碳转化率 $X_C(t)$，通过积分尾气中碳的摩尔量和反应器中的碳总量（$N_{C,\text{fuel}}$）计算，即

$$X_C = \frac{\int_0^t (F_{CO,\text{out}} + F_{CO2,\text{out}} + F_{CH4,\text{out}}) \mathrm{d}t}{N_{C,\text{fuel}}} \times 100\% \tag{3-19}$$

式中：t 为检测出口气体（y_i，$i=CO_2$、CO、CH_4 和 H_2）的时间；$N_{C,\text{fuel}}$ 为进入反应器的碳摩尔量。

燃料的瞬时转化速率，$r_{C,\text{inst}}$，是根据没有被气化的单位碳含量计算的气化速率。在本研究中，只选择了最大的瞬时速率（$r_{C,\text{inst,max}}$）作为评价反应过程的指标，即

$$r_{C,\text{inst}}(t) = \frac{1}{1-X_C} \frac{\mathrm{d}X_C}{\mathrm{d}t} \times 100\% \tag{3-20}$$

另外，CO_2 产率（η_{CO_2}）用以计算燃料反应器出口中的 CO_2 含量占总碳含量的比例，即

$$\eta_{CO_2} = \frac{\int_0^t F_{CO_2,\text{out}} \mathrm{d}t}{\int_0^t (F_{CO,\text{out}} + F_{CO_2,\text{out}} + F_{CH_4,\text{out}}) \mathrm{d}t} \tag{3-21}$$

对合成氧载体以及铁矿石长期测试的评价：燃烧效率（ξ）通过结合尾气中主要气体产物（i）的摩尔流量和塑料垃圾的需氧量进行了计算，如式（3-22）所示。值得说明的是，只考虑了 CO、CH_4 和 H_2 作为不完全燃烧产物，这是因为少量的碳氢化合物小分子 C_xH_y（$x>2$）小于测量精度。不可否认在塑料垃圾燃烧过程中也将产生液态和固态的产物，但是通过根据碳平衡计算误差小于 1%，因此这种简化不会导致过大的误差。

$$\xi = \left[1 - \frac{\int_0^{t_1} F_{CO,\text{out}} \mathrm{d}t + 4\int_0^{t_1} F_{CH_4,\text{out}} \mathrm{d}t + \int_0^{t_1} F_{H_2,\text{out}} \mathrm{d}t}{m_{\text{plastic. waste}} \left(\frac{0\beta_N}{M_N} + \frac{2\beta_C}{M_C} + \frac{2\beta_S}{M_S} + \frac{\beta_H}{2M_H} - \frac{\beta_O}{M_O} - \frac{\beta_{Cl}}{2M_{Cl}} \right)} \right] \times 100\% \tag{3-22}$$

式中：t_1 为监测每组尾气（CO_2、CH_4、CO 和 H_2）的持续时间；β_i 为塑料垃圾中不同元素（N、C、S、H、O 和 Cl）的质量分数；$m_{\text{plastic. waste}}$ 为送入反应器的塑料垃圾；M_i 为不同元素的摩尔质量。

另外，式（3-22）的计算是假设了塑料垃圾仅仅氧化为 CO_2、N_2、SO_2 和 H_2O，

HCl 为含氯化合物的唯一形式。

3.2.2 修饰合成氧载体的实验研究

（1）吸附剂修饰前后的气体浓度比较。为了确定 CaO 修饰对氧载体反应性的影响，分别利用原 Fe_2O_3/Al_2O_3 氧载体颗粒和 CaO 修饰的 Fe_2O_3/Al_2O_3 氧载体颗粒在批次流化床上进行了 900℃下的对比实验。其中供氧比为 1，流化气氛为 40vol.％的水蒸气和 60vol.％的 N_2。图 3-19（a）和（b）分别显示了利用两种氧载体进行的塑料垃圾 iG-CLC 实验中主要气体组分的体积浓度。对于两种氧载体，CO_2、CO 和 H_2 的峰值均呈现在前 100s。值得注意的是，在目前的设备下没有检测到 CH_4。在化学链系统中，CH_4 一般是分步燃烧，首先是部分氧化（$CH_4 + 3Fe_2O_3 \Longrightarrow 2Fe_3O_4 + CO + 2H_2$）生成 H_2 和 CO[118]。另一个合理的解释是在高温条件下的 CH_4 分解（$CH_4 \Longrightarrow C + 2H_2$）[175]。在这些气体中，$CO_2$ 应该主要源于挥发分的释放和合成气与 Fe_2O_3/Al_2O_3 氧载体颗粒反应的产物。当使用无修饰 Fe_2O_3/Al_2O_3 时，少量的 CO 和 H_2 仍存在于尾气中，这表明在批次流化床上有限的停留时间并不能完全氧化这些可燃气体。整体来说，CO 和 H_2 应该主要来自塑料垃圾热解和挥发分的释放[89]。这主要是由于氧载体与挥发组分较差接触的主要原因。另外一个原因是，在燃料反应器内塑料垃圾的悬浮（相对低的密度）导致了气化产物和热解产物更短暂地停留[88]。当使用 5wt.％CaO 修饰的氧载体时，更高的 CO 和 H_2 峰值显示在图 3-19 中。一个合理的解释是，部分氧载体的活性成分被 CaO 吸附剂阻碍，进而抑制了活性晶格氧的传递和之后部分可燃气体的氧化。因此希望 CaO 修饰对氧载体反应性的负面影响能够通过优化运行条件（反应气氛、供氧比和反应温度）得到减弱。

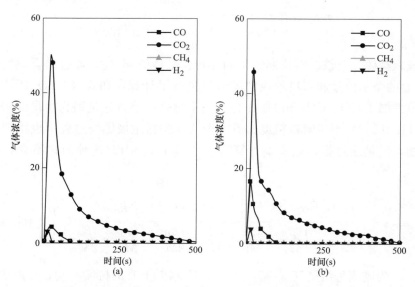

图 3-19 两种氧载体下塑料的 iG-CLC 过程中气体体积浓度

（a）原 Fe_2O_3/Al_2O_3；（b）CaO 修饰 Fe_2O_3/Al_2O_3

（2）反应气氛的影响。在 900℃下研究了 5wt.％CaO 修饰 Fe_2O_3/Al_2O_3 作为氧载体时反应气氛对碳转化率、最大瞬时速率和 CO_2 产量的影响。其中，供氧比为 1，反应气氛中水蒸气的含量分别为 0vol.％、20vol.％、40vol.％和 60vol.％。图 3-20（a）呈现出更多的水蒸气含量导致了更高的碳转化率，尤其是相比于 N_2 气氛下。可能的原因是更多的水蒸气能够促进残余焦炭的气化[82]。值得注意的是随着水蒸气含量的增加，最大瞬时速率明显地下降，可见图 3-20（b）。一般认为 H_2 和 CO 被认为是最主要的燃烧组分[180]。更多的水蒸气能够抑制反应 R5 的进行，导致了更多 H_2 的存在于反应气氛。热解气的存在将抑制后续的脱挥发分进行[95,181]，这可能是降低最大瞬时转化速率的主要原因。热力学上，在气化过程中，水蒸气的存在能够降低外部的质量传递，并且高的水蒸气浓度将降低氧载体的还原能力[88]。图 3-20（c）显示出除了 60vol.％水蒸气以外更高的水蒸气导致了更高的 CO_2 产率。来自水蒸气对脱挥发分的抑制作用能够延长热解气的停留时间，这将引起可燃气体的充分燃烧。对于 60vol.％的水蒸气含量，更低的 CO_2 产率（相比于 40vol.％水蒸气含量）应该归因为氧载体与热解气更差的反应性能。

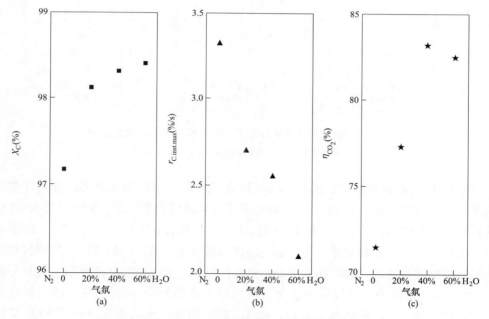

图 3-20 不同气氛下碳转化率、最大瞬时速率和 CO_2 产率

（a）碳转化率；（b）最大瞬时速率；（c）CO_2 产率

（3）供氧比的影响。在 900℃下研究了供氧比对塑料垃圾 iG-CLC 性能的影响。其中流化气氛包含 40vol.％的水蒸气和 60vol.％的 N_2。图 3-21 显示了以 5wt.％CaO 修饰 Fe_2O_3/Al_2O_3 为氧载体供氧比分别为 1、1.5、2 和 2.5 时的碳转化率、最大瞬时转化速率和 CO_2 产量。如图 3-21（a）所示，当供氧比为 1 时碳转化率已经达到了 98.3％，这表明供氧比对碳转化率的影响并不明显。这应该与较低的固定碳含量（见表 2-1）有关。从图 3-21（b）可以发现，更高的供氧比改善了最大瞬时转化速率。一个合理的解释是

更多的氧载体颗粒提高了可燃气体与氧载体颗粒接触的可能性，随后气化中间产物与氧载体的反应消除了气体产物的抑制作用[88]，这便加速了挥发分的脱出。另外一个次要原因是，更低的供氧比可能导致了 FeO 和 Fe 的产生，这从热力学上将降低氧载体颗粒的反应性[170]。图 3-21（c）显示出随着供氧比的增加 CO_2 产率得到了提高。注意到当供氧比达到 2.5 时，CO_2 产率能够高达 97%，这在 iG-CLC 过程是可以接受的。

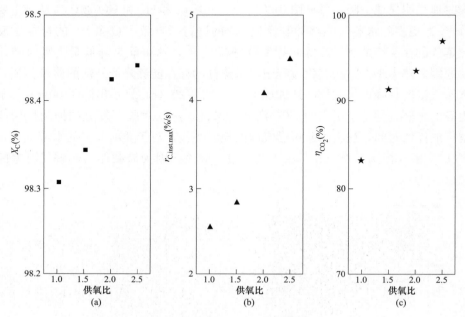

图 3-21　不同供氧比下碳转化率、最大瞬时速率和 CO_2 产率
(a) 碳转化率；(b) 最大瞬时速率；(c) CO_2 产率

（4）反应温度的影响。以 5wt.%CaO 修饰 Fe_2O_3/Al_2O_3 为氧载体，分别在四个反应温度（850、875、900 和 925℃）下研究了温度对碳转化率、最大瞬时速率和 CO_2 产率的影响。其中供氧比为 2.5，流化气体包含 40vol.%水蒸气和 60vol.%N_2。如图 3-22 所示，碳转化率和最大瞬时速率随着温度的提高都有所提高。一般来说，当塑料垃圾置于高温环境能够快速的热解，并直接地与氧载体反应。更高的温度能够加速挥发分的释放[169,182]，并随后促进可燃气体的氧化。特别对于高挥发分（93.79%）的塑料垃圾来说，这将明显地促进碳的转化。最终，除了 925℃以外，更高温度改善了 CO_2 捕捉效率，如图 3-22（c）所示。不可避免地，在挥发分快速释放同时缩短在高温条件下停留时间的过程中，更多的可燃气体存在于尾气，这应该是导致 925℃低于 900℃时 CO_2 产率的原因。

（5）燃烧方式的比较。塑料垃圾在 900℃的条件下进行了三种燃烧方式（传统焚烧方式；利用 Fe_2O_3/Al_2O_3 为氧载体的塑料垃圾 iG-CLC；利用 CaO 修饰 Fe_2O_3/Al_2O_3 为氧载体的塑料垃圾 iG-CLC）的十次循环实验来比较它们的燃烧效率。其中代表性的气体浓度如图 3-23（a）～（e）所示。对于传统焚烧方式［见图 3-23(a)］，塑料垃圾在空气气氛下的燃烧过程持续了 100s。相应地，塑料垃圾的原位气化化学链燃烧过程持续了

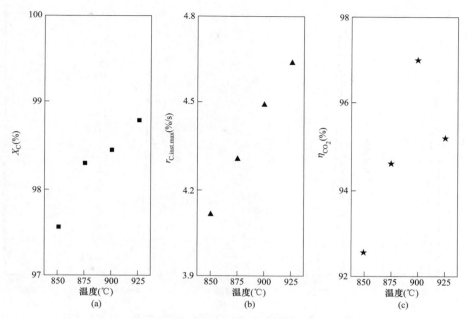

图 3-22　不同温度下碳转化率、最大瞬时速率和 CO_2 产率
(a) 碳转化率；(b) 最大瞬时速率；(c) CO_2 产率

200s［见图 3-23(b)～(e)］。明显地，空气比铁基氧载体更有利于塑料垃圾的燃烧。还可以发现，三种燃烧方式下都在前 100s 达到 CO_2 的峰值。值得说明的是，传统焚烧方式下 CO_2 的浓度明显低于两种 iG-CLC，这与流化气中的 N_2 稀释有关。同时，CO 也总是在前 100s 产生，这应该源于起始阶段塑料垃圾的快速热解[89]导致了暂时的缺氧状态。另外一个可能的原因是一些塑料垃圾由于其相对低的浓度在反应器内悬浮缩短了停留时间[88]。另外，仅仅 O_2 在两个过程的氧化阶段存在，如图 3-23 (c) 和 (e)，这表明碳沉积几乎不存在于氧化阶段。

图 3-24 显示了三种燃烧方式下十次循环的燃烧效率，其中传统焚烧方式作为参照。明显地，当使用 CaO 修饰 Fe_2O_3/Al_2O_3 作为氧载体时，它的燃烧效率始终高于 99.1%，这对于塑料垃圾的化学链燃烧是可以接受的。同时，它们始终低于利用修饰 Fe_2O_3/Al_2O_3 作为氧载体和常规的焚烧方式的情况。总之，从燃烧效率方面，利用 CaO 修饰 Fe_2O_3/Al_2O_3 为氧载体时化学链处理塑料垃圾是可以被接受的，同样对于 PCDD/Fs 的排放问题也是值得深入研究的。

3.2.3　测试与表征

（1）PCDD/Fs 的毒性分析。

1）17 种 PCDD/Fs 的分布。图 3-25 展示了五个 XAD-2 树脂中含有 17 种毒性 PCDD/Fs 的分布。这可以发现六个重要的现象：①两组塑料垃圾的 iG-CLC 过程中产生的 17 种毒性 PCDD/Fs 的同分异构体明显地低于传统焚烧方式。由于高温条件下化学反应和生成过程远比理论解释复杂，到目前为止关于 PCDDs 和 PCDFs 生成机理的差异仍不

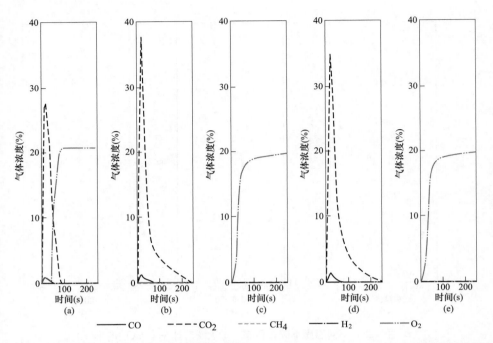

图 3-23　不同燃烧条件下的气体浓度传统焚烧方式；利用 Fe_2O_3/Al_2O_3 为氧载体的还原阶段和
氧化阶段；利用 CaO 修饰 Fe_2O_3/Al_2O_3 为氧载体的还原阶段和氧化阶段

（a）传统焚烧方式；（b）、（d）还原阶段；（c）、（e）氧化阶段

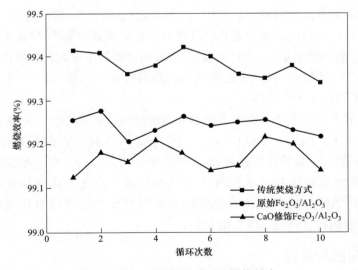

图 3-24　三种燃料方式下的燃烧效率

是很清晰。一般来说，PCDFs 的生成主要源于从头合成方式[183]。这些结果证实了我们
之前认为还原阶段的无气态氧气氛能够抑制从头合成方式生成 PCDD/Fs[97,174]。②使用
CaO 吸附剂修饰氧载体相比于无修饰的氧载体能够更有效地抑制 PCDD/Fs 生成。这将
归因于前者有效的脱氯能够有利于抑制 PCDD/Fs 通过前驱体转化的方式生成。普遍地

认为分子氯（Cl₂）和原子氯（Cl）能够与包括苯酚和呋喃在内等前驱体反应，进而生成 PCDDs[185]。一般认为 PCDDs 通过前驱体转化的生成速率远远大于 PCDFs 通过从头合成途径[183]。另一方面，无气态氧能够阻碍 Deacon 反应的进行[186]，进而抑制了 Cl₂ 的生成（5.3.7 部分），这可能是抑制 PCDDs 生成的一个重要因素。③如图 3-25 所示，少量的 PCDFs 在两组 iG-CLC 实验的还原阶段均有生成。一些研究报道 O₂ 是 PCDFs 从头合成的必要因素[183]，然而我们的研究显示 PCDFs 在无气态氧的还原气体下仍能够生成。一种合理的解释为氧载体内的活性晶格氧也能够促进从头合成反应的进行[187]。另一个可推测的因素是前驱体转化也是 PCDFs 生成的一个重要途径。④尽管两组 iG-CLC 中的氧化阶段没有固体燃料（塑料垃圾），但是仍有少量的 PCDD/Fs 生成。这可用 3.3.8.3 和 3.3.9.4 部分的碳元素和氯元素的结果来解释。⑤对于五个样品，PCDFs 含量均高于 PCDDs。这应该归因于 PCDFs 比 PCDDs 更快的合成和更慢的降解[183]。⑥在所有的燃烧条件下，OCDF 均为 PCDD/Fs 中最高的含量。

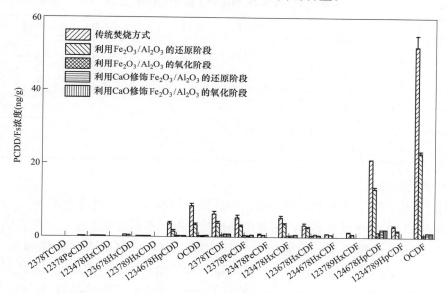

图 3-25　五种条件下 17 种毒性 PCDD/Fs 分布

2) PCDDs/PCDFs 的比例和毒性当量。

普遍认为 PCDDs/PCDFs 比例可作为一个同族指示器来鉴定 PCDD/Fs 的特性[188]。为了进一步研究 PCDD/Fs 的生成机理，用 PCDDs/PCDFs 比例和 TEQ 计算了五组样品。表 3-2 显示了传统焚烧方式下 PCDDs/PCDFs 比例总是高于塑料垃圾 iG-CLC 实验过程，这表明由于 O₂ 和有机挥发物质的同时存在使得传统焚烧方式更有利于 PCDD/Fs 的生成[187]。清晰地发现，在四组 iG-CLC 实验样品中 PCDFs/PCDDs 比例没有明显的改变（见表 3-2）。这些数据表明无论是还原阶段还是氧化阶段在塑料垃圾 iG-CLC 中 PCDD/Fs 的生成是相似的，尽管气态氧存在于氧化阶段。这些结果也表明了气态氧、残炭、氯源和碳氢分子都是必要的元素。另外，传统焚烧条件下的氯取代数明显地大于两种 CLC 方式，尤其是使用 CaO 修饰氧载体。Cl₂ 的产生量可能是 PCDD/Fs 的重要氯源[189]，这在之前进行了讨论。此外，原 Fe_2O_3/Al_2O_3 时 iG-CLC 过程（包括还原过程和氧化过程）的 TEQ，明显地低于传统焚烧方式，这也证实了在塑料垃圾燃烧过程中保持无气态氧条件能够抑制 PCDD/Fs 生成的可行性。更明显的，当用 CaO 修饰 Fe_2O_3/Al_2O_3 为氧载体时 PCDD/Fs 的总量和 TEQ 能够降低了 88% 和 75%（当使用原 Fe_2O_3/Al_2O_3 为氧载体时 PCDD/Fs 的总量和 TEQ 降低了 42% 和 20%），这也说明了在高温条件下有效脱氯的必要性。此外，当使用 CaO 修饰 Fe_2O_3/Al_2O_3 为氧载体时，PCDD/Fs 的生成也能发生在氧化阶段，并且氧化阶段 PCDD/Fs 的 TEQ 高于还原阶段。一般认为 PCDD/Fs 的生成更强地依赖于停留时间[190]。换句话说，仍停留在反应器内的灰分包括碳元素和氯元素能够为氧化阶段生成 PCDD/Fs 的关键因素。尤其是，更多的残炭停留在灰分内同时少量的灰分能够黏附在氧载体的表面。关于 C 元素和 Cl 元素的检测在下文部分报道。

表 3-2　　　　　　　　　　不同燃烧条件下 PCDDs/PCDFs 的比例和 TEQ

不同燃烧条件	传统焚烧	利用 Fe_2O_3/Al_2O_3		利用 CaO 修饰 Fe_2O_3/Al_2O_3	
		还原阶段	氧化阶段	还原阶段	氧化阶段
PCDDs(ng/g)	13.542 95	6.279 31	0.5472	0.684 14	0.768 19
PCDFs(ng/g)	101.661 37	54.986 92	4.5794	5.877 12	6.703 54
PCDDs/PCDFs	0.133 22	0.1142	0.119 49	0.116 41	0.114 59
总量(ng/g)	115.2043	61.266 23	5.1266	6.561 26	7.471 73
总 TEQ(ng/g)	3.095 94	2.145 95	0.324 39	0.3362	0.437 87

（2）氯气的测定。

相比于 HCl 来说，Cl_2 更容易与有机物质发生氯取代[189]，进而生成 PCDD/Fs。因此有必要对 Cl_2 的产率进行测定。根据甲基橙吸光度，不同燃烧条件下计算了 Cl_2 产率，如图 3-26 所示。相比于传统焚烧方式，利用原 Fe_2O_3/Al_2O_3 为氧载体和 CaO 修饰 Fe_2O_3/Al_2O_3 为氧载体时，Cl_2 产率分别下降了 73% 和 82%。这结果证实了之前的推论在塑料垃圾燃烧过程中没有气态氧通过抑制 Deacon 反应进而能够限制 Cl_2 的产生。事实上，CaO 修饰氧载体能够明显降低 Cl_2 产率，这在抑制 PCDD/Fs 生成过程发挥着重要作用。

（3）物理化学性能表征。

为了分析单次还原过程后的晶相，在 40vol.% 水蒸气和 60vol.% N_2 为气氛下，供氧比为 2.5，温度为 900℃ 时，两种氧载体单次还原之后的氧载体颗粒用 X 射线衍射仪进行了分析。另外，两种氧载体在十次循环之后，分别利用比表面积和空隙分析仪，以及环境扫描电镜耦合 X 射线能谱进行了测试。

1）XRD 分析。如图 3-27（a）和（b）所示，两种氧载体主要包括三个晶相：Fe_2O_3，Fe_3O_4 和 Al_2O_3。对于图 3-27（b）中的 CaO 主要来自吸附剂的修饰。相比于原 Fe_2O_3/Al_2O_3［见图 3-27(a)］来说，在单次还原过程之后并没有 Fe 元素新的晶相出现在 CaO 修饰氧载体表面［见图 3-27(b)］。这些 XRD 结果证实了活性成分（Fe_2O_3）

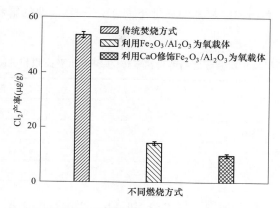

图 3-26 不同燃烧条件下 Cl_2 的产率

的剩余，表明 CO 和 H_2 的不完成燃烧应该归因于氧载体颗粒与可燃气体的不充分接触，这与上述的结论是一致的。

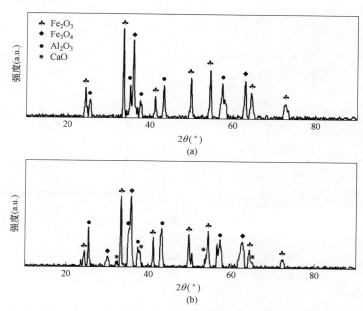

图 3-27 原 Fe_2O_3/Al_2O_3 和 CaO 修饰 Fe_2O_3/Al_2O_3 还原态的相位组分

(a) 原 Fe_2O_3/Al_2O_3；(b) CaO 修饰 Fe_2O_3/Al_2O_3

2）BET 分析。两种氧载体在十次循环之后测试了 BET 比表面积和孔隙。首先对于新鲜的氧载体来说，CaO 修饰之后使得 BET 和空隙都有所增加，如表 3-3 所示。一般来说，CaO 相比于 Fe_2O_3/Al_2O_3 来说，具有更大的 BET 比表面积[176]和空隙[177]，这应该是 CaO 修饰后增加的主要原因。其次，对于原 Fe_2O_3/Al_2O_3 为氧载体来说，十次循环之后，BET 比表面积有所降低，这应该源于少量灰沉积和在多次循环过程的轻微熔融。相应地，原 Fe_2O_3/Al_2O_3 氧载体用过之后的空隙明显低于新鲜的氧载体，这说明灰堵塞了氧载体颗粒的空隙。注意到，相比于新鲜的 CaO 修饰 Fe_2O_3/Al_2O_3 氧载体，用过之后的 BET 比表面积和空隙都明显地下降了，一个合理的解释是灰分和部分 CaO 迁移到了氧载体的空隙。

表 3-3　　　　新鲜及十次循环之后两种氧载体的 BET 比表面积和孔隙

样品	BET 比表面积(m²/g)	孔隙（×10⁻³cm³/g）
新鲜 Fe_2O_3/Al_2O_3 颗粒	2.7476	19.713
新鲜 CaO 修饰 Fe_2O_3/Al_2O_3 颗粒	3.4902	21.722
用过 Fe_2O_3/Al_2O_3 颗粒	2.6071	12.352
用过 CaO 修饰 Fe_2O_3/Al_2O_3 颗粒	1.8573	10.598

（4）ESEM-EDX 表征。如图 3-28（a）和（b）所示，Fe、Al、C、O、Ca 和 Si 能够在两种氧载体颗粒表面检测到。在这些元素中，C 是测试过程中喷碳用以提高样品的电导率。综合塑料垃圾的灰分分析（见表 2-2），Ca 和 Si 元素应该源于灰分在氧载体表面的沉积 [见图 3-28(a)]。另外，对于 CaO 修饰的氧载体在十次循环之后检测到了 Cl

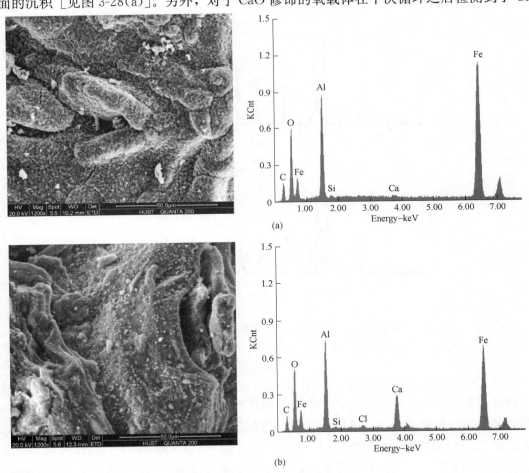

图 3-28　不同氧载体颗粒的 ESEM-EDX 表征

（a）原 Fe_2O_3/Al_2O_3 氧载体颗粒；（b）CaO 修饰 Fe_2O_3/Al_2O_3 氧载体颗粒

元素［见图 3-28（b）］，而在原 Fe_2O_3/Al_2O_3 氧载体颗粒表面没有检测到［见图 3-28（a）］。这一观察结果证实了利用 CaO 吸附剂在塑料垃圾 iG-CLC 过程中脱氯的可行性。相似地，图 3-28（b）中检测到了 Si 元素，这表明少量灰分在 CaO 修饰氧载体表面的沉积。此外，没有明显的烧结和熔融出现在这些氧载体表面。值得说明的是，之前证实了用稀盐酸水洗能够移除表面上的 Ca 元素和 Cl 元素，这也说明了氧载体可通过再修饰实现再生。

（5）灰分的 XPS 分析。一般说来，灰分中包含氯元素、残炭以及金属催化剂[191]。图 3-29 展示了三种灰分关于氯元素和碳元素的 XPS 谱图。从三幅谱图中均检测到了碳元素和氯元素的存在，因此这将为氧化阶段 PCDD/Fs 的生成提供碳源和氯源。考虑到灰分中碳元素和氯元素的存在，在还原阶段延长停留时间将降低残炭的含量。这也是在塑料化学链燃烧过程中抑制 PCDD/Fs 生成的有效方式之一，值得进一步研究。

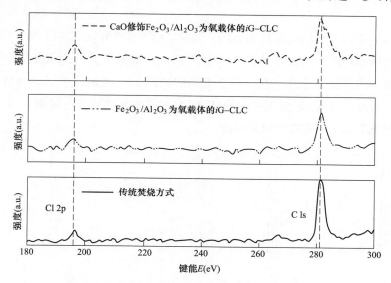

图 3-29　三种灰分中关于 Cl 2p 和 C 1s 的 XPS 光谱图

3.2.4　修饰铁矿石的实验研究

（1）供氧比的影响。选择了不同氧载体计量比（1、1.5、2 和 2.5）分析提高 CO_2 捕集效率的可行性。反应温度为 900℃，流化气体包含 40vol.％水蒸气和 60vol.％N_2。图 3-30 显示了铁矿石有无 CaO 修饰两种条件下塑料垃圾原位气化化学链燃烧时的 CO_2 捕集效率。可以发现，对于两种氧载体来说，更高的供氧比均可提高 CO_2 捕集效率。尤其对 CaO 修饰铁矿石，当供氧比从 1 提高到 2.5 时，CO_2 捕集效率能够 71.06％提高到 96.5％。一种合理的解释是，更多的氧载体颗粒能够增加氧载体颗粒与可燃气体的接触机会，进而降低了可燃气体的排放。值得注意的是，CaO 修饰对氧载体反应性的负面影响随着供氧比的增加得到了明显的缓解，尤其是当供氧比达到 2.5 时。总的说来，一个更高的供氧比有利于消除 CaO 修饰的负面影响。

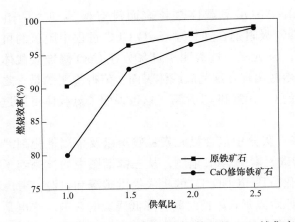

图 3-30 不同供氧比下使用两种氧载体时的 CO_2 捕集率

（2）气体浓度比较。原铁矿石以及其利用 5wt.%CaO 修饰作为氧载体用以研究了 CaO 修饰的影响。实验温度为 900℃，供氧比为 2.5，气体流量为 600mL/min 并设定其含有 40vol.% 水蒸气和 60vol.% N_2。图 3-31（a）～（d）分别显示了塑料垃圾在不同氧载体下原位气化化学链燃烧时十次连续循环的气体浓度。如图 3-31（a）和（b）所示，对于两种氧载体反应过程均持续了长达 200s，并且 CO_2 峰值都出现在反应

的前 100s。这表明两个燃烧过程是相似的。同时，CO 的产生只出现在了前 100s，这应该归因于起始阶段塑料垃圾的快速热解[89]导致了瞬时的缺氧。另一个重要的原因是塑料垃圾具有相对较小的密度而导致了在反应器上部的悬浮[88]，这缩短了塑料垃圾在反应器内的停留时间。另外，仅仅 O_2 呈现在两种 iG-CLC 过程的氧化阶段，如图 3-31（c）和（d）所示。这表明残炭几乎不存在于氧化阶段。

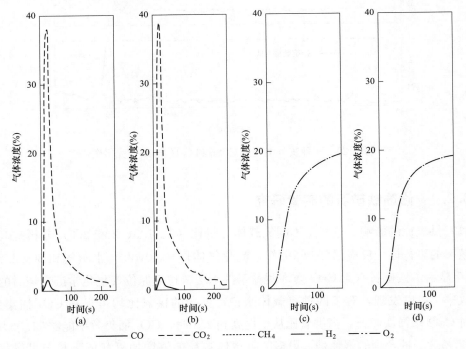

图 3-31 塑料垃圾原位气化的化学链燃烧时的体积浓度

（a）原铁矿石还原过程；（b）CaO 修饰的铁矿石还原过程；

（c）原铁矿石氧化过程；（d）CaO 修饰的铁矿石氧化过程

（3）十次循环。图 3-32 显示了利用 CaO 修饰铁矿石为氧载体时十次连续循环测试的燃烧效率，同时原铁矿石作为对照组。结果显示当利用 CaO 修饰铁矿石为氧载体时燃烧效率始终高于 98.7％，这在化学链燃烧过程中是可以接受的，同时它们始终低于原铁矿石。因此，从燃烧效率方面，化学链燃烧技术可以用来处理塑料垃圾，至于氯苯和 PCDD/Fs 的排放值得进一步地研究。

（4）氯苯的测试。为了分析 CaO 吸附剂在 CLC 过程中控制氯苯排放的影响，原铁矿石以及其通过超声波浸渍法 CaO 修饰后分别为氧载体进行了塑料垃圾的十次循环实验。在这些实验后，利用 GC-MS 测试了尾气中包括氯苯在内的有机化合物。图 3-33 显示了两种燃烧条件下甲苯溶液的总流离子图，表 3-4 列出了可识别的有机化合物。结合 3-33 和表 3-4，乙苯和 1、3 二甲苯本认为是主要的有机化合物，并且在两种燃烧过

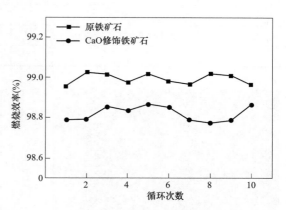

图 3-32 两种氧载体下的燃烧效率

程中它们的强度峰值是相近的，这表明塑料垃圾的 iG-CLC 过程在两种氧载体条件下是相近的。值得注意的是，通过 CaO 修饰铁矿石作为氧载体时氯苯的强度峰值明显小于原铁矿石作为氧载体。总的来说，这些结果证实了通过 CaO 修饰铁矿石作为氧载体时在塑料垃圾 iG-CLC 过程中抑制氯苯排放是可行的。

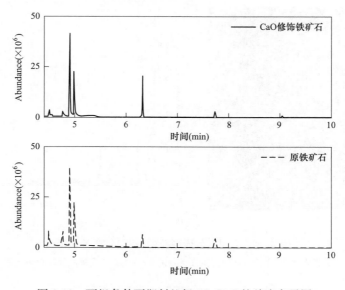

图 3-33 两组条件下塑料垃圾 iG-CLC 的总流离子图

（5）ESEM-EDX 表征。如图 3-34 所示，两种氧载体颗粒表面均能够检测出 Fe、Al、C、O 和 Si 元素。其中 C 元素是用以提高样品的电导率喷洒的碳，其余的组分应该

表 3-4   甲苯溶液中可辨识的化合物

保留时间（min）	检测的化合物
4.502	六甲基环三硅氧烷
4.761，4.767	氯苯
4.907	乙苯
4.988，4994	1、3 二甲苯
6.317，6.323	八甲基环四硅氧烷
7.733	十甲基聚硅氧化合物

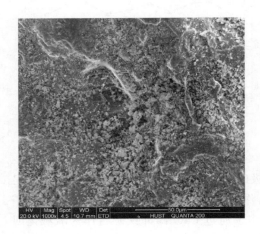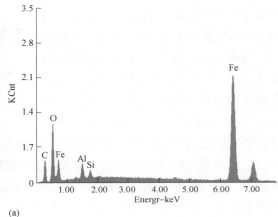

(a)

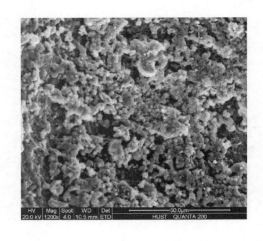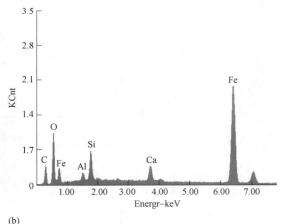

(b)

图 3-34　不同氧载体颗粒的 ESEM-EDX 表征

（a）原铁矿石氧载体颗粒十次循环后的表面；（b）CaO 修饰铁矿石氧载体颗粒十次循环后的表面

源于铁矿石的组分（见表 2-3）。另外，图 3-34（b）中检测到的 Ca 元素是源于超声波浸渍法修饰的 CaO 吸附剂。可以发现，两种氧载体颗粒表面没有明显的烧结和熔融现象，这表明 CaO 吸附剂用于修饰铁矿石在塑料垃圾 iG-CLC 过程没有引起负面影响。关于 CaO 修饰铁矿石的再生，如第 4 章提到可用稀盐酸进行水洗再重新修饰来实现。

3.3　化学链燃烧抑制 PCDD/Fs 生成的机理

结合 PCDD/Fs 的生成机理、PCDD/Fs 的测试结果、Cl_2 产率以及氯取代模型的分析结果，对利用 CaO 修饰 Fe_2O_3/Al_2O_3 为氧载体控制 PCDD/Fs 排放的机理进行了总结，其控制机理如图 3-35 所示。相比于塑料垃圾传统焚烧，CLC 方式下塑料垃圾燃烧没有 O_2 的存在，但需要使用水蒸气作为气化气氛。另外，CLC 方式引入了 Fe_2O_3 为塑料垃圾的燃烧提供了晶格氧。通过对尾气中 Cl_2 的检测可以得出，塑料垃圾在无 O_2 条件下燃烧能够明显降低 Cl_2 产率，这与氯取代模型中求得的氯取代概率呈正相关。值得注意的是，PCDD/Fs 的生成并没有与 Cl_2 产率呈正比例（相比空气条件下焚烧，原 Fe_2O_3/Al_2O_3 下 iG–CLC 的 Cl_2 产率降低了 73% 而 PCDD/Fs 总量降低了 42%），这表明反应器内 HCl 等氯源的存在对 PCDD/Fs 的生成同样发挥着不可忽视的作用。通过利用 CaO 吸附剂对 Fe_2O_3/Al_2O_3 氧载体进行修饰，用于反应器内脱出 HCl。结果发现，在原 Fe_2O_3/Al_2O_3 下 iG–CLC 的基础上，CaO 吸附剂修饰将 Cl_2 产率降低了 31% 而 PCDD/Fs 总量降低了 79%，这表明 HCl 对 PCDD/Fs 生成过程也发挥着重要作用。从氯取代预测模型计算的氯取代概率结果发现，尽管塑料垃圾在三种燃烧方式（传统焚烧；原 Fe_2O_3/Al_2O_3 下 iG–CLC；CaO 修饰 Fe_2O_3/Al_2O_3 下 iG–CLC）下的 Cl_2 产率差

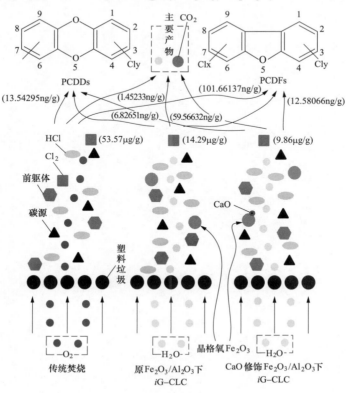

图 3-35　CLC 方式对 PCDD/Fs 排放的控制机理

别明显，但是氯取代概率（PCDDs 生成过程中 1、4、6、9 位置氯取代概率最低为 0.754；PCDFs 生成过程中 1、9 位置氯取代概率最低为 0.789 在 4、6 位置发生氯取代概率最低为 0.561）却始终维持一个相对较高的数值，这也证实了其他氯源的作用。综上所述，吸附剂修饰氧载体下的 CLC 方式控制 PCDD/Fs 排放的机理在于利用晶格氧取代了 O_2、降低了 Cl_2 产率以及固定了 HCl 等氯源。

固体垃圾调质抑制二噁英生成的实验研究

目前，塑料制品由于其独特的优势而广泛地应用于工业和人类日常生产生活，具有抗腐蚀能力强、耐用效果好、易塑性好等优点。塑料产量也被认定为与国民经济息息相关，塑料的消费量和产量成为了判断一个国家化工水平的重要指标。塑料主要有聚乙烯（PE）、聚丙烯（PP）、聚苯乙烯（PS）、聚氯乙烯（PVC）类塑料。其中，PVC 类塑料由于其良好的化学稳定性，在废塑料中占比较大。PVC 类塑料中含有大量氯元素（纯 PVC 中氯的质量分数为 56%），是固体废弃物中氯的主要来源，被认为是废塑料焚烧过程中生成二噁英的主要参与物。二噁英对人体产生不可逆性的危害伤害，如致癌、致畸性及突发病变，同时对人体器官（如肝、皮肤、神经系统以及呼吸系统）也会造成很大损害[192]。当前许多学者都对二噁英进行了深入的研究，其主流技术包括抑制剂技术、活性炭吸附技术、催化降解技术、机械化学降解技术以及微波降解技术等。其原理都为直接或间接破坏二噁英的生成途径，或者在二噁英生成后对其进行收集再处理，虽然这些处理技术对二噁英有很高的去除效果，但是这些技术因其成本过高无法进行商业化推广，目前只能停留于实验室阶段或小规模实验阶段。为此需要寻找一种成本低且效果显著的处理方法。

当前有部分学者运用不同种燃料掺烧的办法对二噁英的生成进行了研究，其中城市污泥成为其掺混燃料的重点研究对象，并且随着城镇化进程的加快，城市污泥产量也大幅增加[193]。污泥焚烧过程中会产生氮氧化物、二氧化硫等污染性气体，其中二氧化硫不仅能够将 Cl_2 还原为活性相对较低的 HCl，也能够导致催化金属中毒，从而减少 PCDD/Fs 的生成，氮氧化物会和 HCl、Cl_2 发生中和反应，减少了氯源，从而减少了 PCDD/Fs 的生成。尽管当前的研究取得了一些成果，但是并没有对这些成果进一步细化形成明确的原理。因此，为了定量研究固体垃圾组分调质达到抑制二噁英的目的，本章针对 PVC 塑料掺混不同比例的城市污水污泥混合焚烧进行了研究，通过在化学链燃烧的方式下进行 PVC 掺混污泥燃烧的定量实验，对二噁英的生成机理进行了深入研究。

4.1　固体垃圾调质机理

根据现有研究，我们发现影响 PCDD/Fs 生成的必要元素包括氯源[194]、碳源等，而硫元素和氮元素则是抑制 PCDD/Fs 生成的主要元素，有研究[195]表明 PCDD/Fs 生成量的多少与 HCl 浓度有很大关系，HCl 浓度越高，PCDD/Fs 的生成量越大。在生成 PCDD/Fs 的过程中，HCl 与 Cl_2 浓度之间会通过 Deacon 反应达到一种自平衡的状态（$4HCl+O_2 \Longrightarrow 2H_2O+2Cl_2$）。碳源主要是燃料中残余大分子碳，主要作用于 PC-DD/Fs 的从头合成过程中，与氧、氯、氢，通过基元反应[196]，在催化作用下形成二英类物质。此外在燃烧中产生的部分残碳吸附在飞灰密集的气孔中，当空气与飞灰混合时，空气中的氧会扩散到飞灰的气孔中与残碳分子进行反应，这就是大分子碳的氧化降解过程，同时氯从飞灰表面金属氯化物的配位体传输到大分子碳中，生成氯代的芳香族化合物[197]，进一步再生成 PCDD/Fs。硫基抑制剂[198]燃烧时产生的 SO_2 还能够磺化酚类前驱物，从而制约了氯化反应的顺利进行，抑制了二噁英的生成。此外，还有学者研究了硫元素对催化金属的影响，发现 SO_2 可以和催化金属（Cu、Fe 等过渡金属或其氧化物）发生反应，破坏催化金属的催化性能，使其在反应中的作用降低。氮元素抑制二噁英生成的原理和作用大致与硫元素相同，这种碱性元素的存在会和氯元素发生中和反应，氮基抑制剂[199]燃烧时产生的 NO 通过与 HCl 反应生成氨盐，抑制 Deacon 反应的进行，同时还能和 Cl_2 发生反应，减少生成二噁英的氯源，从而抑制二噁英的生成。此外氮基抑制剂燃烧时产生的 NO 还可以通过与金属氧化物反应，降低催化剂的活性，以及能够和部分二噁英前驱物反应减少二噁英的生成。固体垃圾调质抑制二噁英生成机理如图 4-1 所示。

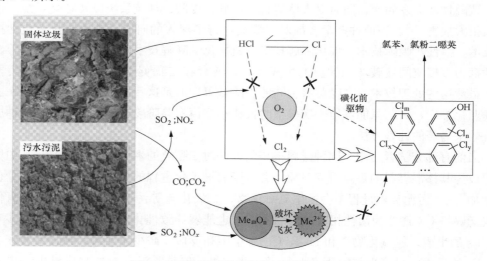

图 4-1　固体垃圾调质抑制二噁英生成机理

4.2　常规焚烧下固体垃圾调质效果

固体垃圾可分为矿业垃圾、工业垃圾、城市生活垃圾、农业垃圾等，每一类固体垃圾中的成分都不相同。大量学者在燃料源侧的调控也取得了显著的成效，包括 Cl/S 比、Ca/Cl 比、Cl/N 比等组分间的影响。常用的研究手段主要包括高温烘烤、混合燃烧等，Han Zi-xi 等[200]进行了城市生活垃圾与生物质混合燃烧研究，结果表明，烘烤可使二噁英总量减少 98.63%，挥发性二噁英毒性当量减少 99.09%。Ri-gang Zhong 等[201]进行了污泥与城市生活垃圾的共燃实验，发现与城市生活垃圾单独燃烧相比，掺加 5％污泥时，PCDD/Fs 产量降低了 32％。由此可以发现，高 S、N 物质是抑制 PCDD/Fs 形成的重要因素，这为通过各类固体燃料间的组分调配提供了抑制 PCDD/Fs 的形成理论依据。

常用的研究设备有烧结罐管式炉等，Yifan Wang 等[198]采用烧结罐研究了尿素对 PCDD/Fs 的抑制作用，分析了其可能的脱氯的抑制机理。研究发现，尿素颗粒的混合大大降低了 PCDD/Fs 的毒性，说明尿素具有抑制氯化、增强脱氯的作用。因此，通过混合抑制剂脱氯成为抑制 PCDD/Fs 形成的重要步骤。Gandon-Ros 等[202]，在实验室条件下，用 850℃的管式炉进行了燃烧实验，他们研究并优化了用污泥替代化学抑制剂来改善聚氯乙烯垃圾焚烧排放的污染物并发现当改变抑制剂 N、S 元素和氯的比例时，PCDD/Fs 和 dl-PCB 的形成显著降低，且在抑制率为 0.75 时，PCDD/Fs 的生成几乎减少了 100％，dl-PCB 的生成减少了 95％，这表明添加污泥对于减少二噁英的生成是有益的。

4.3　化学链燃烧方式下固体垃圾调质前期研究

本文污泥原料选用中国河北省保定市某污泥处理厂的污水污泥，将污泥在自然条件下风干，随后放置在 105℃的干燥箱下干燥 48h，将污泥粉碎研磨选取 0.2～0.3mm 颗粒。对污泥、PVC 塑料进行工业分析、元素分析及热值分析见表 4-1 和表 4-2。

表 4-1　　　　　　　　　工业分析（空气干燥基）

	Mad(%)	Aad(%)	Vad(%)	(Qnet, ad kJ.kg^{-1})
污泥	6.96	43.92	45.50	4.07
PVC	0	0.19	93.74	4.23

表 4-2　　　　　　　　　元素分析

项目	Cdaf(%)	Hdaf(%)	Odaf(%)	Ndaf(%)	Sdaf(%)
污泥	23.795	4.035	22.74	3.785	2.015
PVC	38.515	5.17	0.59	0.005	0.115

该实验系统包括三个部分：供气系统、反应台、测量装置。供气气源来自保定市寒江雪商贸有限公司生产的 99.999％合成空气和 99.999％的氮气。反应台为新搭建的 8kW 微型双床反应器，该反应器由微型双床加热炉（太原兴盛恒科技有限公司）、石英管（空气反应器和燃料反应器）、温控系统（昆仑通泰，10 寸触摸屏，包含调压模块）、减压器（析太）、转子流量计（常州双波，最大流量 5L/min）等组成。反应器正常平稳运行时，内部加热到 950℃时，反应器外表金属防护壳体温度不大于 60℃，程序升温时，可记录升温曲线。测量装置为德国 RBR 公司生产的 ecomJ2KN 多功能烟气分析仪

以及配套的数据记录软件系统，其系统图见图4-2。

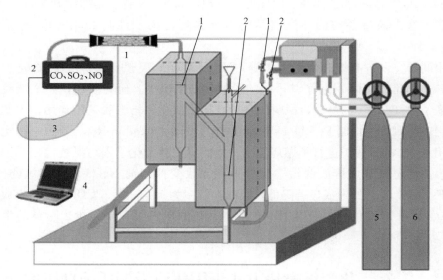

图 4-2　微型双床反应系统图

1—过滤器；2—烟气分析仪；3—气袋；4—数据收集器；5—氮气；6—空气

实验步骤：实验前按照实验系统图连接好试验设备，并检查好系统气密性后开始实验。首先打开温度控制开关，设定升温程序以 $10℃/min$ 的升温速率升温至 $900℃$。接通电源，启动反应器进行升温，设定空气和氮气流量为 $2L/min$，打开空气阀门 1，待温度在空气气氛下升温至目标温度。之后将 $40g$ 石英砂通过反应器右侧上部的漏斗加入，均匀分布到 2 号布风板上，布风板孔径为 $0.5mm$。之后再将 $40g$ 氧载体颗粒以同样的方式加入到同样的位置，保持空气时长 $10min$ 用以保证氧载体充分氧化和残留物燃烧完全。打开烟气分析仪和电脑进行尾气测量和数据记录，首先关闭空气阀门 1，打开氮气阀门 2，进行反应器吹扫 $2min$，之后将燃料以同样的方式加入到反应器中进行反应，待反应结束，关闭氮气阀门 2，打开空气阀门 1，对氧载体进行氧化，氧化时长为 $15min$，氧化完毕后，关闭空气阀门 1，打开氮气阀门 2，以同样的方式加入燃料反应，重复五次上述过程，即完成五次循环反应。

利用烟气分析仪测定了燃料反应器出口尾气的可燃组分和空气反应器尾气中的 CO_2 含量。定义了燃烧效率[203]（ϕ）用以计算引入的燃料在整个还原过程中完全转化为 CO_2 和 H_2O 的程度。它代表了可燃气体的燃尽程度，同时也反映了氧载体的反应性。燃烧效率的定义式为

$$\phi=\left(1-\frac{0.5V_{CO,out,FR}+0.5V_{H_2,out,,FR}+2V_{CH_4,out,,FR}+V_{CO_2,out,AR}}{0.5V_{CO,in,FR}+0.5V_{H_2,in,FR}+2V_{CH_4,in,FR}}\right)\times100\% \quad (4\text{-}1)$$

式中：$V_{CO,in,FR}$、$V_{H_2,in,FR}$ 和 $V_{CH_4,in,FR}$ 分别为燃料反应器进口的可燃气体积；相似地，$V_{CO,out,FR}$、$V_{H_2,out,,FR}$ 和 $V_{CH_4,out,,FR}$ 分别为燃料反应器出口的可燃气体积；$V_{CO_2,out,AR}$ 为空气反应器出口的 CO_2 体积。

在燃料反应器内，N_2 的摩尔流量在标准条件下是恒定的，因此可以根据氮平衡计算其他气体产物 i 的气体流量 $L_{i,\text{out}}(t)$（$i=CO_2$、CO、CH_4、H_2），其计算式为

$$L_{i,\text{out}}(t)=\frac{L_{N_2}}{(1-\sum_i x_i)}x_i \tag{4-2}$$

式中：x_i 为干燥基外出口各组分 i（CO_2、CO、CH_4、H_2）的摩尔分数。

碳转化率[204]作为燃料的碳转化程度的函数，我们用 $X_C(t)$ 表示，通过积分尾气中碳的摩尔量和反应器中的碳总量（$N_{C,\text{fuel}}$）进行计算，即

$$X_C=\frac{\int_0^t (L_{CO,\text{out}}+L_{CO_2,\text{out}}+L_{CH_4,\text{out}})\mathrm{d}t}{N_{C,\text{fuel}}}\times100\% \tag{4-3}$$

式中：t 为检测出口气体（x_i，$i=CO_2$、CO、CH_4 和 H_2）的时间；$N_{C,\text{fuel}}$ 为进入反应器的碳摩尔量。

对 NO、SO_2 采用析出率，即在累计时间段内 SO_2 中析出的硫的量占燃料中硫含量的百分比，见式（4-4）和式（4-5）。

$$V_S=\frac{\int_{t0}^t C(t)V(t)\mathrm{d}t}{M_s S_t}\times100\% \tag{4-4}$$

$$V_N=\frac{\int_{t0}^t C(t)V(t)\mathrm{d}t}{M_N N_t}\times100\% \tag{4-5}$$

式中：V_N 为 NO 析出率，（%）；t_0 为实验开始时间，s；t 为实验进行中某时刻，s；$C(t)$ 为 t 时刻气流中 NO 对应的实际氮浓度，mg/m^3；$V(t)$ 为 t 时刻烟气流量，m^3/s；M_N 为试样质量，mg；N_t 为试样含氮量，（%）。

4.3.1 气体浓度

以污泥作为燃料进行化学链燃烧实验，测量了尾气出口浓度在900℃还原期间的时间函数关系如图4-3（a）所示。因为污泥中有高比例的挥发分含量，因此当燃料样品进入反应器时，脱挥发反应立即发生。与 Leion 等[205]使用的反应缓慢的石油焦不同，焦的反应和焦气化反应几乎同时发生，不能分离。在还原过程中，由氧载体释放自由氧为燃料燃烧提供氧气，如图4-3（a）所示，首先出现的气体是 CO_2，大约10s后，CO 出现，其排放体积峰值达到23%，在20s后气体浓度开始下降。CO 气体浓度的存在是因为氧载体和燃料混合不充分使其不能与自由氧结完全转化为 CO_2，燃料完全反应完毕所需时间约为5min。

在氧化阶段，由合成空气中的氧与被还原的氧载体发生反应，而氮气在反应器中是惰性的不参与反应。当反应器中氧浓度达到5%时，载氧体开始发生氧化反应，几乎所

有的氧气都是在前 20s 消耗掉的。如图 4-3（b）所示，氧浓度随后迅速增加，直到稳定在 21％。可以观察到，在氧化过程中有很少部分含碳气体排出。这可以认为是残留在进料系统和反应器上部过滤器中的碳。

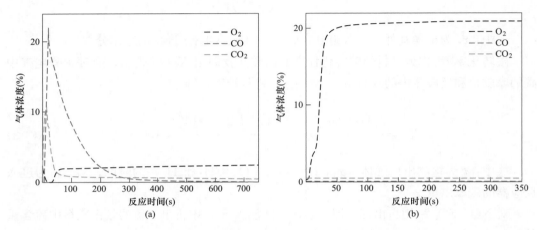

图 4-3　PVC 和污泥 CLC 气体浓度曲线还原过程和氧化过程

（a）还原过程；（b）氧化过程

4.3.2　碳转化率和燃烧效率

掺混比是研究混合燃料污染物排放特性最受关注的问题之一。图 4-4 是在不同混合比下的碳转化率和燃烧效率的实验值。比较了污泥和 PVC 塑料在 20％比例增加的混合，900℃化学链燃烧条件下的平均碳转化率。如图 4-4（a）所示，随着 PVC 掺混比例的增加碳转化率逐渐增大，随后开始降低，在混合比为 0.6∶0.4 时，碳转化率达到最大为 96.4％。这是因为 PVC 中含有的挥发分量很大，PVC 进入反应器会在很短的时间将挥发分挥脱出来。当少量混合时，会促进碳转化率的提升，当混合量过大时，会抑制反应，导致碳转化率降低。对燃烧效率而言，同样是在污泥和 PVC 塑料在 20％比例增加的混合，900℃化学链燃烧条件下进行的研究，我们发现污泥掺混量对燃烧效率影响不大，虽然有少许波动，但是其燃烧效率都在 99.9％以上，这对与固体垃圾的化学链燃烧是可以接受的。

4.3.3　氮、硫污染物排放

根据实验结果，微型双床反应器排放的氮化物以 NO 为主，NO_2 的含量极低可以忽略不计，图 4-5 给出了烟气中 NO、SO_2 的排放量占总烟气含量的百分比与污泥和 PVC 掺混比之间的关系，这部分燃烧温度也是 900℃。

从图 4-5（a）中可以看出，在燃烧过程中 NO 在前 50s 内排放量超过排放总量的 70％，含有 20％PVC 的混合燃料产生的 NO 峰值最大。这是因为燃料中含有很多易挥发的氮，这些易挥发性氮会以 NH_3 和 HCN 等形式快速释放，随后和氧载体释放的自

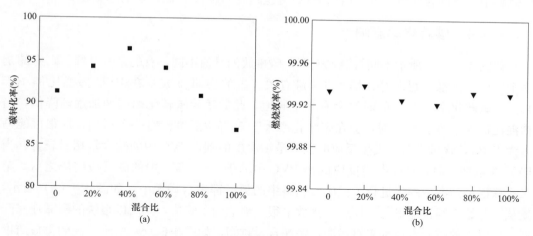

图 4-4　不同混合比下碳转化率和燃烧效率

(a) 碳转化率；(b) 燃烧效率

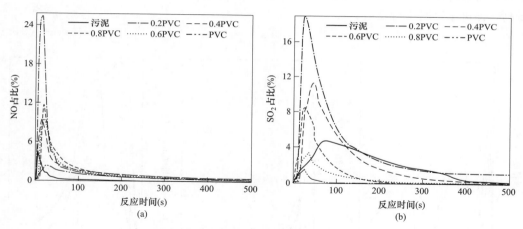

图 4-5　不同混合比下 NO 排放量和 SO_2 排放量

(a) NO 排放量；(b) SO_2 排放量

由氧反应生成 NO。之后燃料中不易挥发的氮则通过异相反应与自由氧反应生成 NO，这两部分氮构成尾气中所有的 NO 的来源。随着燃料中 PVC 比例增大，燃烧生成 NO 的峰值时间在逐渐后移，可能的原因是虽然燃料中 PVC 的比例增加，使混合燃料整体的挥发分含量增多，燃烧速率加快，但是污泥中氮元素含量是远高于 PVC 的，要达到 NO 的排放峰值需要更多的燃烧时间。从图 4-5 (b) 中可以看出，SO_2 在前 150s 内排放量超过排放总量的 70%，在同一种混合比下，SO_2 的峰值出现比 NO 峰值的出现滞后，并且随着 PVC 含量的增加，SO_2 的峰值的时间逐渐向前移动，这是因为 PVC 成分的增多，燃料总体的挥发分含量增加，从而导致燃烧速度加快，从而使 SO_2 产生的峰值提前。此外，我们还通过积分曲线求得随着燃料中 PVC 比例的增多，生成 SO_2 总量在逐渐降低，这是因为 PVC 中的含硫量远小于污泥中的含硫量，增加 PVC 的量，就导致燃料中整体的含硫量降低，所以 PVC 含量越高的燃料生成 SO_2 的总量越少。

4.3.4 碳转化率影响

如图 4-6（a）所示不同掺混比例下，碳排放的峰值不同，有的是一个峰值，有的是多个峰值，这都与燃料中 PVC 的含量有关。碳的实时排放量在 PVC 掺混比例小于40％和碳转化率为 10％的时候会有一个峰值，此后随着碳转化率的增加逐渐降低，当掺混比例大于等于 40％时，会在碳转化率大于 50％以后突然有一个增加，这很可能是因为当 PVC 含量少时，发生反应的主要是污泥中的碳，PVC 中的碳含量相对较少；当PVC 含量增多时，首先参与反应的是 PVC 中的碳，当 PVC 中的碳反应完毕之后，第二次峰值是污泥中的碳进行了反应。燃料中的氮，都来自污泥中，如图 4-6（b）所示，氮从一开始就很快地参与了反应，排放量很快地达到了峰值，此后以很快的衰减速率降低。燃料中的硫元素也都来自污泥，污泥含量越高，如图 4-6（c）所示，硫的排放跨度越大，随着污泥含量的减少，硫的瞬时排放量也减少。20％比例的 PVC 中的硫的排放不仅在排放跨度，以及排放峰值的到来上都大于纯污泥，主要是因为 PVC 中挥发分含量高，促进了燃料进行反应。

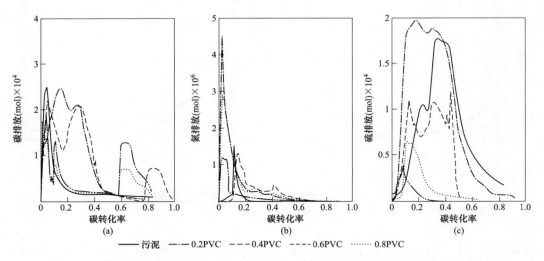

图 4-6　不同混合比下碳转化实时排放、碳转化的氮的实时排放和碳转化硫的实时排放
（a）碳转化实时排放；（b）碳转化的氮的实时排放；（c）碳转化硫的实时排放

这里对碳、氮、硫排放总量进行积分计算，发现当 PVC 掺混比例为 20％时，碳、氮、硫的排放量都是最大的。如图 4-7 所示，各种比例下，各种产物的排放都遵循先快速增加，而后逐渐接近平缓的趋势。对氮、硫而言，几乎在碳转化率为 40％～50％开始放平缓。碳的排放在比例为 20％～40％之间时，碳转率达到 40％时出现平缓趋势，在其他比例下，这个趋势要到碳转化率为 60％。

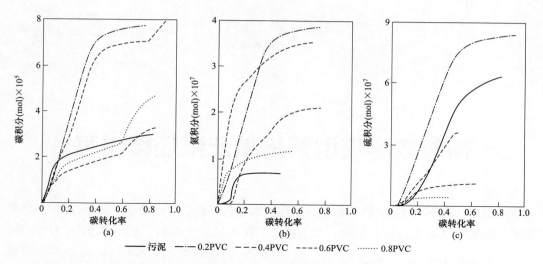

图 4-7　不同混合比下，碳排放量与碳转化率、氮排放与碳转化率和硫排放与碳转化率
（a）碳排放量与碳转化率；（b）氮排放与碳转化率；（c）硫排放与碳转化率

5

构建数学模型解析氯元素迁移过程

认识 PCDD/Fs 的生成路径是改进现存技术和探索新技术的基础。PCDD/Fs 是两类芳香族多苯环碳氢化合物，它们一共包括 210 种不同的化合物，其中 PCDDs 有 75 种，

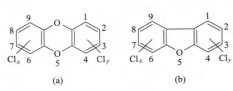

图 5-1　PCDDs 和 PCDFs 的
分子结构图

（a）PCDDs 的分子结构图；
（b）PCDFs 的分子结构图

PCDFs 有 135 种，其分子结构和主要生成路径如图 5-1 所示[206]。学者普遍认为氯原子在 2、3、7、8 位取代的 17 种异构体具有毒性[207-208]，称为有毒异构体，为此，17 种毒性 PCDD/Fs 受到了更多的关注。根据 PCDD/Fs 的排放特性发现，氯苯、氯酚以及多氯联苯等氯化前驱体（以下简称前驱体）可作为 PCDD/Fs 生成的指示剂，这表明前驱体是

PCDD/Fs 生成过程的主要中间产物，通过特定的路径可转为最终的毒性 PCDD/Fs[4]。

固体燃料（包括城市固体废弃物[209]、塑料废弃物[210]）焚烧是 PCDD/Fs 的主要来源之一。目前，对 PCDD/Fs 生成机理的研究已经根据转化温度和场所进行了细化，包括高温气相转化（温度范围为 500～800℃[211]）和低温异质合成（温度范围为 200～500℃[212]）。研究表明，一些 PCDD/Fs 可以在氯源的作用下[213]，通过碳氢化合物和酚类等气体成分的氯化直接生成，以及在飞灰表面的催化金属与 O_2[214] 和氯源的作用下，通过异质合成生成碳渣。可以发现，氯源（HCl 和 Cl_2）[215] 是高温气相转化和低温异相合成的关键因素。一些研究发现，固体燃料在高温条件下主要以 HCl 形式释放氯，但在 O_2 存在的情况下，可以通过 Deacon 反应[212] 转化为 Cl_2，且 Cl_2 的活性远高于 HCl[213]，从而促进 PCDD/Fs 生成过程中的氯化。在确定 PCDD/Fs 的生成途径方面，大多数研究都是针对一些特定的生成途径进行的。例如，Zhang 等[216]模拟了蒽的二苯并对二噁英/二苯并呋喃（DD/DF）的生成过程。在水催化条件下，DF 是 3-蒽的主要产物，最大的能垒是 30.45kcal/mol。在没有水催化的形成过程中，DD 是 3-蒽的主要产物，最大能垒为 33.54kcal/mol。在评价 PCDD/Fs 的分布特征时，人们更关注 PCDD 与 PCDF 的比例，而不是 PCDD/Fs 异构体之间的转化。例如，Cai 等[217]认为，当 PCDD 与 PCDFs 的比例大于 1 时，表明从头合成可能是 PCDD/Fs 生成的主要途径。Fujimori 等[218]认为，从头合成应该是通过氧化形成 C-C 键，然后再进行氯化，以及氯化。然而，具体的生成途径仍然没有明确说明。有关报告[27]指出，与传统的焚烧模式

80

相比，采用铁基 CLC 模式时，PCDD/Fs 的产生量减少了 42%，毒性当量减少了 20%。由于在反应过程中 CaO 可以通过脱氯抑制 PCDD/Fs 的形成[219]，首先验证了带 CaO 装饰的 Fe-based CLC 抑制氯苯排放的可行性[220]，然后对带 CaO 装饰的 Fe-based CLC 过程中进一步抑制 PCDD/Fs 的形成进行了研究。与传统的焚烧结果相比，CaO 装饰可以减少 88% 的 PCDD/Fs 产生，减少 75% 的毒性当量[27]。PCDD/Fs 生成量的减少程度与毒性当量的减少程度不同，这表明 PCDD/Fs 异构体的分布特征和形成途径发生了本质的变化。Bi 等人以 CaSO₄ 为载氧体（OC）对聚氯乙烯（PVC）进行了 CLC 实验，通过检测 PCDD/Fs 含量也得到了一些类似的结论。因此，进一步研究 PCDD/Fs 异构体的转化规律，是探索 PCDD/Fs 异构体低毒性当量的重要方向之一。位置置换（PSTS）预测法[27]计算的氯气置换概率只反映了 PCDD/Fs 形成过程中的氯化强度，但仍未能涉及更具体的氯气置换途径。特别是以铁基 CLC 和带 CaO 装饰的 CLC 为计算案例，这两个过程中的氯取代途径能够准确反映 CaO 装饰的作用途径。

为此，本书采用了 PCDD/Fs 异构体的路径替代（PTWS）预测方法，与位置替代（PSTS）预测方法相比，用相似度、平均百分比含量误差和最大百分比含量误差三个评价参数来评价 CaO 装饰对 Fe-based CLC 工艺的影响。在此基础上，计算出氯替代概率，进一步得到 CaO 装饰对 PCDD/Fs 异构体单氯替代途径、PCDD/Fs 异构体的百分比含量迁移途径和 PCDD/Fs 异构体的毒性当量迁移途径的影响。这项工作的计算结果有望为开发基于 Fe-based CLC 工艺的低 PCDD/Fs 排放技术提供理论依据。

5.1 氯取代模型

上述研究对 PCDD/Fs 的生成总量、毒性当量，以及 PCDD/Fs 的比例等参数对 PCDD/Fs 的生成进行了分析和总结，但是没有结合 17 种毒性 PCDD/Fs 的生成特点和生成机理做进一步的分析。根据已测得的结果对 PCDDs 和 PCDFs 这两类同系物生成机理的分析是探究有效抑制方式的理论依据。对于 PCDDs 的生成机理普遍认为主要是前驱体转化生成途径，而对于 PCDFs 的生成机理普遍认为是以从头合成途径为主。需要指出的是，前驱体转化途径是指一些芳香族化合物通过氯化（氯取代）作用以及其他一系列的组合过程生成毒性的 PCDD/Fs。而从头合成途径是一些小分子通过一系列的氧化重整以及氯化等途径生成毒性的 PCDD/Fs。本节将结合两个生成途径的特点，分别对 PCDDs 和 PCDFs 各组分的生成进行了氯取代模型的预测分析。对于 PCDDs，氯取代模型是以 2378TCDD 为基础，相似地，对于 PCDFs 的氯取代模型是以 2378TCDF 为基础，通过计算各组分中其他位置的氯取代概率进行预测分析，并通过相似度和氯取代概率的大小分别对毒性 PCDDs 和 PCDFs 生成过程进行评价的方法。最后结合实验工况的特点，对 PCDD/Fs 的生成规律提供了新的理论依据。

图 5-1（a）显示了 PCDDs 的结构图，其中苯环是由两个氧原子相连接。这类同系物包括在 1～9 位置发生氯取代的 75 种物质。对于 PCDDs 进行的氯取代模型预测，本节只考虑了 7 种具有毒性的 PCDDs。结合这 7 种物质的特点可以发现，它们均在 2、3、

7、8 位置发生了氯取代。因此以 2378TCDD 为起始物,分别依据 1、4、6、9 位置的取代情况来确定物质的种类。其计算原理如下:结合 PCDDs 结构对称的特点可以得出 1、4、6、9 位置发生氯取代的概率是相同的。假定指点位置的氯取代概率为 χ,那么不发生的概率就为 $1-\chi$。表 5-1 显示了预测 PCDDs 各同系物占总量的比率。

表 5-1   预测 PCDDs 各同系物占总量的比率

PCDDs 同系物	氯取代位置	取代概率方程式
2378TCDD		$(1-\chi)*(1-\chi)*(1-\chi)*(1-\chi)$
12378PeCDD	1	$4\chi*(1-\chi)*(1-\chi)*(1-\chi)$
123478HxCDD	1.4	$2\chi*\chi*(1-\chi)*(1-\chi)$
123678HxCDD	1.6	$2\chi*\chi*(1-\chi)*(1-\chi)$
123789HxCDD	1.9	$2\chi*\chi*(1-\chi)*(1-\chi)$
1234678HpCDD	1.4.6	$4\chi*\chi*\chi*(1-\chi)$
OCDD	1.4.6.9	$\chi*\chi*\chi*\chi$

图 5-1(b)显示了 PCDFs 的结构图,其中苯环是由一个氧原子相连接。这类同系物包括在 1~9 位置发生氯取代的 135 种物质。对于 PCDFs 生成进行了氯取代模型预测,只考虑 10 种毒性的 PCDFs。结合这 10 种物质的特点可以发现,它们均在 2、3、7、8 位置发生了氯取代。因此以 2378TCDF 为起始物,分别依据 1、4、6、9 位置的氯取代情况来确定物质的种类。其计算原理如下:结合 PCDFs 结构对称的特点可以得出 1、9 位置发生氯取代的概率是相同的,同理可以得出 4、6 位置发生氯取代的概率也是相同的。假定 1、9 位置的氯取代概率为 α,那么不发生的概率就为 $1-\alpha$。同样设定 4、6 位置氯取代的概率为 β,那么不发生的概率就为 $1-\beta$。根据各组分的对称性可以确定概率前的系数。表 5-2 显示了预测 PCDFs 各同系物占总量的比率。

表 5-2   预测 PCDFs 各同系物占总量的比率

PCDFs 同系物	脱氯位置	脱氯概率方程式
2378TCDF		$(1-\alpha)(1-\alpha)(1-\beta)(1-\beta)$
12378PeCDF	1	$2\alpha(1-\alpha)(1-\beta)^2$
23478PeCDF	4	$2\beta(1-b)(1-\alpha)^2$
123478HxCDF	1.4	$2\alpha\beta(1-\alpha)(1-\beta)$
123678HxCDF	1.6	$2\alpha\beta(1-\alpha)(1-\beta)$
234678HxCDF	4.6	$\beta^2(1-\alpha)^2$
123789HxCDF	1.9	$\alpha^2(1-\beta)^2$
1234678HpCDF	1.4.6	$2\alpha\beta^2(1-\alpha)$
1234789HpCDF	1.4.9	$2\alpha^2\beta(1-\beta)$
OCDF	1.4.6.9	$\alpha^2\beta^2$

实验中测得五种样品中毒性 PCDDs 各组分占总量的比率如表 5-3 所示，五种样品中毒性 PCDFs 各组分占总量的比率如表 5-4 所示。为了验证预测模型的可靠性及准确性，引入相似度，即预测值与实际值之间的差异程度。相似度 S 越接近 1，说明预测值越准确。相似度定义如式（5-1）所示。

$$S = \frac{\sum A_i B_i}{\sqrt{\sum (A_i)^2 \sum (B_i)^2}} \tag{5-1}$$

式中：A_i 为预测的 PCDD/Fs 中各个同系物组分占总量的比率；B_i 为实际样品的 PCDD/Fs 中各个同系物组分占总量的比率。

表 5-3   **五种样品中 PCDDs 各组分占据的比率**

PCDDs 同系物	传统焚烧	铁基还原	铁基氧化	修饰铁基还原	修饰铁基氧化
2378TCDD	0.004 67	0.012 41	0.026 22	0.019 82	0.039 87
12378PeCDD	0.016 043	0.027 56	0.100 26	0.059 65	0.082 79
123478HxCDD	0.006 27	0.010 45	0.026 57	0.020 83	0.019 14
123678HxCDD	0.041 24	0.0489	0.127 96	0.092	0.092 02
123789HxCDD	0.013 95	0.017 64	0.041 72	0.036 26	0.0355
1234678HpCDD	0.281	0.292 54	0.362 57	0.415 18	0.395 81
OCDD	0.636 83	0.590 51	0.314 69	0.356 26	0.334 87

表 5-4   **五种样品中 PCDFs 各组分占据的比率**

PCDFs 同系物	传统焚烧	铁基还原	铁基氧化	修饰铁基还原	修饰铁基氧化
2378TCDF	0.065 74	0.077 57	0.0905	0.079 24	0.131 59
12378PeCDF	0.056 61	0.059 24	0.076 72	0.059 18	0.088 29
23478PeCDF	0.007 62	0.011 62	0.029 91	0.020 66	0.020 55
123478HxCDF	0.056 58	0.068 58	0.108 16	0.079 56	0.099 19
123678HxCDF	0.037 19	0.052 28	0.103 69	0.087 66	0.082 12
234678HxCDF	0.008 32	0.012 11	0.035 38	0.035 97	0.026 05
123789HxCDF	0.011 37	0.0172	0.025 45	0.034 31	0.015 14
1234678HpCDF	0.209 24	0.245 78	0.331 85	0.366 07	0.326 94
1234789HpCDF	0.031 55	0.032 72	0.030 53	0.033 73	0.028 49
OCDF	0.515 78	0.4229	0.167 81	0.203 63	0.181 63

　　本工作通过逼近法计算了 7 种毒性 PCDDs 氯取代概率和相应的相似度，对于五种样品逼近法的求解过程如图 5-2 所示。逼近法的计算原则是，通过不断缩小氯取代概率的设定值来增加计算精度，最后通过相似度最大化来确定氯取代概率。表 5-5 显示了对于 7 种毒性 PCDDs 最终确定的五种样品的相似度和氯取代概率。

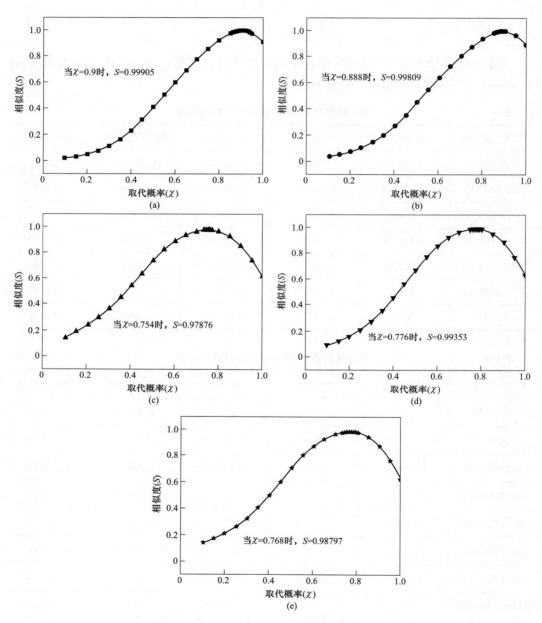

图 5-2　五种样品中 PCDDs 相似度的逼近过程

（a）传统焚烧；（b）铁基还原阶段；（c）铁基氧化阶段；（d）修饰铁基还原阶段；（e）修饰铁基氧化阶段

表 5-5 五种样品中 PCDDs 预测模型的比较结果

实验条件	氯取代概率	相似度
传统焚烧	0.9	0.999 05
铁基还原阶段	0.888	0.998 09
铁基氧化阶段	0.754	0.978 76
修饰铁基还原阶段	0.776	0.993 53
修饰铁基氧化阶段	0.768	0.987 97

首先，从图 5-2 中可以发现，相似度与氯取代概率的函数关系只存在一个峰值，通过逼近法可以逐渐地接近这个峰值。从表 5-5 中可以发现，五种工况下相似度均较高，除了两组氧化阶段外，其余的相似度均大于 0.993。这说明了氯取代模型应用于 PCDDs 生成过程的可靠性。对于两组氧化阶段，相似度也大于 0.978。该结果表明，无论是气态产物燃烧过程还是固态物质燃烧过程中生成 PCDDs 都主要受氯取代条件的限制，生成 PCDDs 的组分也符合氯取代模型的预测比率。此外，氯取代概率可以用来说明整个反应过程中氯化的难易程度。对于氯取代概率数值来说，传统焚烧的氯取代概率最大，这也说明了，气态氧的存在致使尾气中氯气含量的增加，能够明显地增大 PCDDs 生成过程的氯取代概率。铁基还原阶段的氯取代概率其次，经过自由氧的消除能够减少氯气的生产量，但是氯元素仍以气态的形式存在，其中包括氯化氢。相比于传统焚烧，铁基还原阶段的氯取代比率下降并不明显，这也表明了尽管氯气在氯取代方面比氯化氢有更高的活性，但是大量的氯化氢存在并不能够使氯取代概率明显下降。因此，若要进一步通过降低氯取代概率，在反应过程实现固定氯化氢是非常必要的。相比于传统焚烧和铁基还原阶段，另外三种状况下的氯取代概率明显下降。对于铁基氧化阶段明显小于其还原阶段来说，这表明挥发分中的氯元素比固体残余物质中的氯元素对氯取代过程有更高的活性，因此在铁基还原阶段，即燃料反应器内，实现固定氯元素是非常必要的。修饰铁基氧载体还原阶段得到的氯取代概率数值，明显地小于原铁基氧载体的还原阶段氯取代概率，这也验证了固定氯是非常重要的。

通过逼近法计算了 PCDFs 氯取代概率和相应的相似度，对于五种样品逼近法的求解过程如图 5-3 所示。对于该组逼近法的求解过程是，同时以 α 和 β 为变量得到最大的相似度。表 5-6 显示了最终确定的五种样品的相似度和相应的氯取代概率。

表 5-6 五种样品中 PCDFs 预测模型的比较结果

实验条件	1、9 位置氯取代概率	4、6 位置氯取代概率	相似度
传统焚烧	0.955	0.831	0.982 85
铁基还原阶段	0.931	0.769	0.970 91
铁基氧化阶段	0.789	0.561	0.925 95
修饰铁基还原阶段	0.848	0.589	0.945 69
修饰铁基氧化阶段	0.811	0.581	0.8991

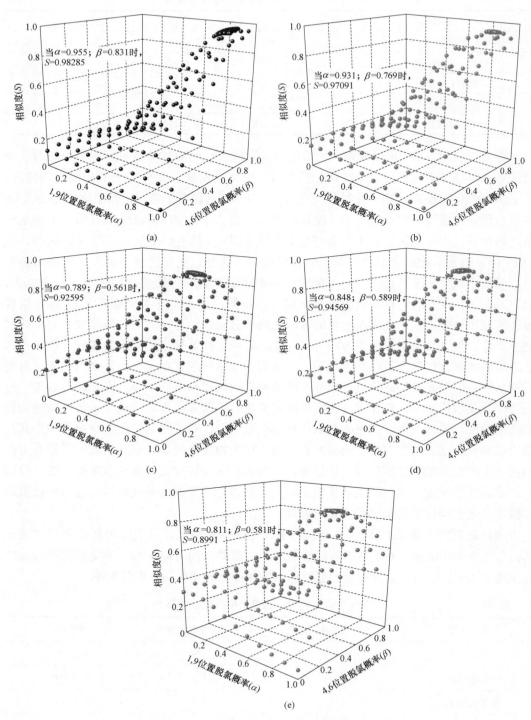

图 5-3　五种样品中 PCDFs 相似度的逼近过程

（a）传统焚烧；（b）铁基还原阶段；（c）铁基氧化阶段；（d）修饰铁基还原阶段；（e）修饰铁基氧化阶段

从图 5-3 中可以发现，相似度与两个脱氯概率（α 和 β）的面函数只有一个极值（最大值），通过逼近法可以逐渐地接近这个极值。从表 5-6 中可以发现，无论是 1、9 位置还是 4、6 位置，铁基氧载体还原阶段下的氯取代概率均小于传统焚烧过程。通过 CaO 吸附剂修饰铁基氧载体，使得还原阶段的氯取代概率进一步减小。这一结果表明对于 PCDFs 的氯取代过程与 PCDDs 的氯取代过程相近，也明显地受到氯气以及氯化氢含量的影响。对于两组氧化阶段，无论是 1、9 位置还是 4、6 位置，都表现出相对较小的氯取代概率。这也又一次说明了固体残余物内的氯元素比气态氯元素不易发生氯取代。值得注意的是，这五组反应过程的相似度，相比于 PCDDs 较小。特别是两组氧化阶段和修饰铁基的还原阶段，相似度低于 0.95。这一结果表明，PCDFs 的生成过程并不完全符合氯取代预测模型。换句话说，氯取代过程不是生成 PCDFs 的唯一决定性因素。一般认为，PCDFs 的生成同时需要氧源、氯源、碳源等条件[48]。对于空气条件下焚烧来说，获得的相似度高达 0.98。该结果表明，在氧源、碳源都存在的条件下，氯源应该是影响 PCDFs 生成的重要因素。而对于其余四个反应过程，由于自由氧源以及碳源和氯源的不足，小分子间的氧化重组过程也是制约 PCDFs 生成的重要因素。对于空气条件下焚烧，PCDFs 的相似度比 PCDDs 明显减少，也可能由于 PCDFs 的生成过程受其他因素影响很大。对于进一步理解 PCDFs 各组分的生成特点，需要进一步比较预测结果和实验结果。

为了进一步分析预测模型的可靠性，接下来根据获得的氯取代概率计算了五种样品中毒性 PCDDs 各组分的比例。图 5-4 和图 5-5 分别显示了五种样品中 7 种毒性 PCDDs 和 10 种毒性 PCDFs 实验值与预测值的比较结果。

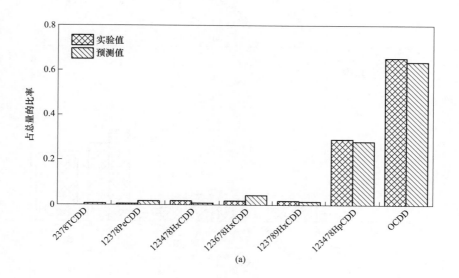

(a)

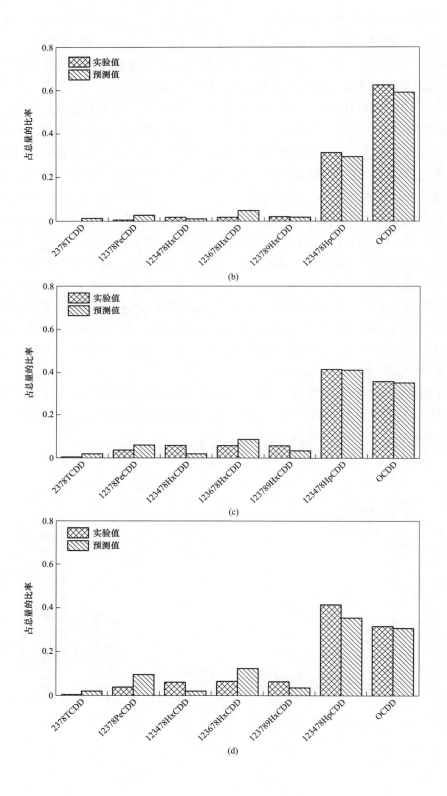

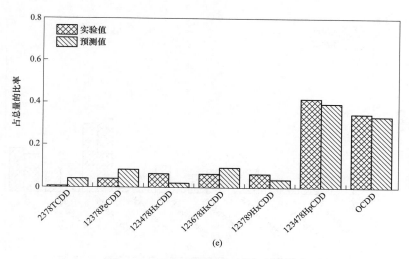

(e)

图 5-4　PCDDs 实验值与预测值的对比

（a）传统焚烧；（b）铁基还原阶段；（c）铁基氧化阶段；（d）修饰铁基还原阶段；（e）修饰铁基氧化阶段

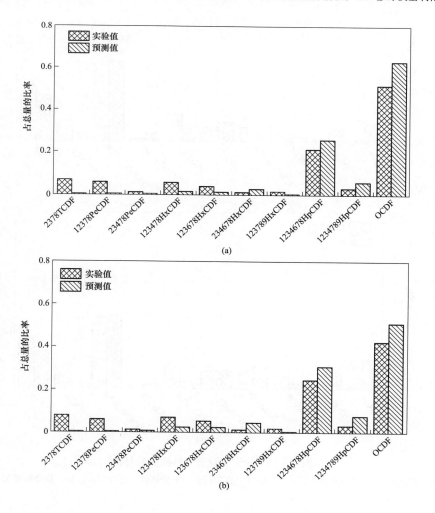

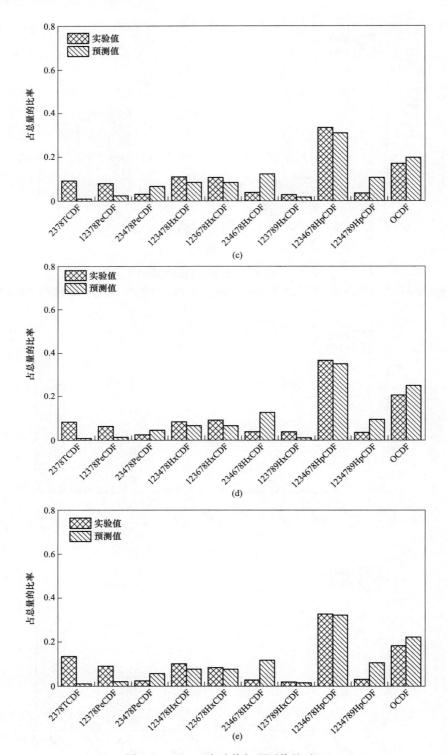

图 5-5　PCDFs 实验值与预测值的对比

（a）传统焚烧；（b）铁基还原阶段；（c）铁基氧化阶段；（d）修饰铁基还原阶段；（e）修饰铁基氧化阶段

从图 5-4 中可以发现，预测模型得到的预测结果与实验值相差不大。这也证实了 7 种毒性 PCDDs 的生成过程主要受氯取代过程的限制，符合氯取代预测模型。这与之前的报道 PCDDs 主要是通过前躯体转化的结果是一致的。从图 5-5 中可以发现，对于空气条件下焚烧和铁基还原阶段两组情况下，只要三个或者四个位置取代情况吻合较好，而对于其他组分却相差较大。这表明，气态氯源的存在对高氯 PCDFs 同系物的生成有关键的作用，而对于低氯 PCDFs 同系物却相关性不大。进而可以推测，对于低氯 PCDFs 同系物的生成主要是通过小分子含氯化物的重组生成，而对于高氯 PCDFs 同系物的生成使这些低氯 PCDFs 同系物发生进一步的氯取代生成。对于 PCDFs 生成机理的进一步研究，需要结合更多的氯取代 PCDFs 的种类以及相应的未被氯取代物的比率来分析。

5.2　异构体迁移模型

本研究以塑料废弃物 CLC 实验中 PCDD/Fs 含量为基础数据，包括铁基 CLC 实验和添加了 CaO 的铁基 CLC 实验[27]。在这些 CLC 实验中，医用灌注管（主要成分是聚烯烃、聚乙烯、聚丁烯）；选用共沉淀法合成的 $60wt\%$ Fe_2O_3/$40wt\%$ Al_2O_3 作为典型的铁基氧载体。采用湿法浸渍 Fe_2O_3/Al_2O_3 氧载体，加入 $5wt\%$ 的 CaO 作为铁基氧载体 CaO 修饰。在间歇式流化床反应器中进行 CLC 实验，在反应器中引入 $40vol\%$ 蒸汽和 $60vol\%$ N_2 的混合物作为流化气，并在反应器中引入空气对这些被还原的 OC 进行再氧化。关于塑料垃圾的详细分析，以及合成这些 OC 颗粒的更多细节，以及实验系统和程序，可以在之前的出版物中找到[27,220,221]。对于铁基 CLC，PCDD 的总异构体含量为 6.279ng/g（每单位塑料垃圾），PCDF 的总异构体含量为 54.987ng/g。含 CaO 修饰的 Fe 基 CLC，PCDDs 和 PCDFs 的总异构体含量分别为 0.684ng/g 和 5.877ng/g。具体的 PCDD/Fs 百分比含量[221]见表 5-7。由表 5-7 可以看出，在两种操作条件下，PCDD/Fs 异构体的分布存在显著差异。CaO 修饰对氯取代生成各 PCDD/Fs 异构体的作用路径可以通过以下数学模型进一步分析。

表 5-7　　　　　　　　两种操作条件下 PCDD/Fs 百分比含量的实验数据

毒性 PCDDs 异构体	铁基 CLC（%）	CaO 修饰铁基 CLC（%）
2，3，7，8-TeCDD	1.241	1.982
1，2，3，7，8-PeCDD	2.756	5.965
1，2，3，4，7，8-HxCDD	1.045	2.083
1，2，3，6，7，8-HxCDD	4.890	9.200
1，2，3，7，8，9-HxCDD	1.764	3.626
1，2，3，4，6，7，8-HpCDD	29.254	41.518
OCDD	59.051	35.626
毒性 PCDFs 异构体	铁基 CLC（%）	CaO 修饰铁基 CLC（%）
2，3，7，8-TeCDF	7.757	7.924

毒性 PCDDs 异构体	铁基 CLC（%）	CaO 修饰铁基 CLC（%）
1，2，3，7，8-PeCDF	5.924	5.918
2，3，4，7，8-PeCDF	1.162	2.066
1，2，3，7，8，9-HxCDF	1.720	3.431
1，2，3，4，7，8-HxCDF	6.858	7.956
1，2，3，6，7，8-HxCDF	5.228	8.766
2，3，4，6，7，8-HxCDF	1.211	3.597
1，2，3，4，7，8，9-HpCDF	3.272	3.373
1，2，3，4，6，7，8-HpCDF	24.578	36.607
OCDF	42.290	20.363

目前的 PSTS 预测方法[27]仅根据氯在 PCDD/Fs 异构体结构中的取代位置计算氯的取代概率。本书采用的 PTWS 预测方法的根据是氯在 PCDD/Fs 异构体中逐渐发生取代的作用路径进行的分析，不仅考虑了氯的取代位置，还考虑了 PCDD/Fs 异构体本身结构的差异。

建立毒性 PCDD/Fs 异构体的 PTWS 预测模型。将 17 种毒性 PCDD/Fs 分为 7 种 PCDDs 异构体和 10 种 PCDFs 异构体。以氯取代量最小的异构体结构（2378-TeCDD 和 2378-TeCDF）为起始点，以总的氯取代异构体（OCDD 和 OCDF）为终点，如图 5-6（a）和（b）所示。需要指出的是，该模型中的起始点和结束点仅代表一个转化方向，并不排除 PCDD/Fs 异构体之间的脱氯转化。氯的取代概率作为宏观参数，通过评价 PCDD/Fs 异构体之间的关系反映了综合转化的结果。其中，对于 7 种毒性 PCDDs 转化模型，可以根据实验数据计算 $k1$ 和 $k8$，同时可以计算 $k2+k3+k4$ 的和。对于 10 种毒性 PCDFs 转换模型，可以计算 $f1+f2$ 的总和。此外，为了简化模型，将 123478-HxCDF 和 123678-HxCDF 合并成一组数据，因为它们的结构是类似的，而合并的这一组由一个氯取代的生成概率设为 $f4$，同时下一步氯取代的可能性的这一组被设置为 $f7$。其次，通过设定变换边界确定 $k2\sim k3$（当 $k2$ 和 $k3$ 确定后，$k4$ 也可以得到），$k5\sim k7$、$f1$（当 $f1$ 确定后，$f2$ 也可以得到）和 $f3\sim f10$ 的取值范围，在取值范围内氯取代概率的取值概率相等。然而，对于任意一组实验结果，氯取代概率都是确定的唯一解，将其转化为数学问题来寻找唯一解。假设氯取代概率在其取值范围内的分组能够反映出最大似然概率的结果与实际含量的符合程度。因此，采用加权方法（通过一些评价指标对氯取代概率进行评价）可以选出接近最优评价指标的氯取代概率组，从而改变其初始概率。最后，通过循环迭代优化确定氯的取代概率，反映了氯元素在 PCDD/Fs 异构体间迁移路径的变化特征。

首先根据 17 种毒性 PCDD/Fs 异构体的实验数据，对于 PCDDs 异构体，计算得到 $k1$、$k8$ 具体数值，同时得到 $k2+k3+k4$ 之和，即图 5-6（a）中五氯取代异构体向六氯取代异构体的转化情况。对于 PCDFs 异构体，可以计算 $f1+f2$ 的和，即图 5-6（b）

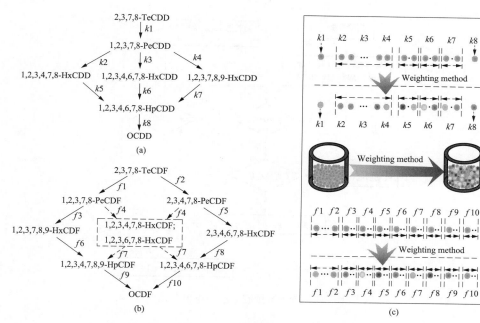

图 5-6 为 PTWS 预测方法的逻辑运算图
（a）PCDD 氯取代全路径；（b）PCDF 氯取代全路径；（c）概率加权法示意图

中四氯取代异构体向五氯取代异构体的转化。此外，可以根据 1234789-HpCDF、
1234678-HpCDF 和 OCDF 的含量计算 $f9$ 和 $f10$ 的上限值。考虑到计算精度和多变量
误差的发散性，采用随机逼近法对 $k2\sim k3$、$k5\sim k7$、$f1$ 和 $f3\sim f10$ 进行逐步优化。
首先，利用计算数据和随机选取的数据，通过相应的计算公式计算 PCDD/F 异构体的
预测值。因此，对于 123478-HxCDD，其预测值为 $k1\times k2\times(1-k5)$。然后将预测值
与实验值代入相似度（S）计算公式（见下一节的介绍）进行初步判断。如果该值不大
于 0.95，则直接判断循环次数（n）。如果相似度（S）大于 0.9，则判断平均百分比内
容误差（C），当平均百分比内容误差（C）不是最小值时，则判断循环次数（n）。若为
最小值，则将原始数据替换为 $k1\sim k8$，$f1\sim f10$，S，C，Z，同时判断循环次数（n）。
本工作中循环次数（n）的上限设置为 10 000。当 n 不大于 100 00 时，此时由 $k2\sim k3$、
$k5\sim k7$，$f1$，$f3\sim f10$ 确定具体范围，然后再次随机选择 $k2\sim k3$、$k5\sim k7$。当 n 大于
10 000 时，输出 $k1\sim k8$、$f1\sim f10$、S、C、Z，同时终止程序。需要指出的是，确定
数值范围的原则是基于 $k2\sim k3$、$k5\sim k7$、$f1$ 和 $f3\sim f10$ 为中心数值和 ± 0.2 为两端边
界值，如果两端任何数值超过初始设置的边界值，调整到初始设置边界值。

为了验证预测模型的可靠性和准确性，引入了相似度（S），即预测值和实验值之
间的差异，如图 5-7 所示。相似度 S 越接近于 1，预测就越准确。相似性的定义如
式（5-2）所示。

$$S = \frac{\sum A_i B_i}{\sqrt{\sum (A_i)^2 \sum (B_i)^2}} \tag{5-2}$$

式中：A_i 为 PCDD/Fs 异构体中各成分的预测值；B_i 为 PCDD/Fs 异构体中各成分

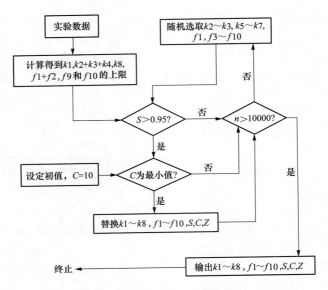

图 5-7　PTWS 预测方法的逻辑关系

的实验值。

　　为了从 PCDD/Fs 异构体百分比含量的角度进一步评估预测值的准确性，本书引入了平均百分比含量误差（C）。C 值越小，预测值就越准确。平均含量百分比误差的定义如式（5-3）所示。

$$C = \frac{1}{i} \sum |A_i - B_i|$$ （5-3）

　　为了从 PCDD/Fs 异构体百分比含量的角度来评价预测的准确性，引入了最大百分比含量误差（Z）。Z 值越小，预测就越准确。最大百分比含量误差的定义式为

$$Z = \max |A_i - B_i|$$ （5-4）

　　本书定义了平均毒性当量（M），即 PCDD/Fs 异构体百分含量与对应的毒性当量乘积的累积，用于分析 PCDD/Fs 异构体毒性当量迁移规律，其定义式如式（5-5）所示。其中毒性当量异构体的毒性当量因子见表 5-8。

$$M = A_i \cdot (I - \text{TEF})_i$$ （5-5）

表 5-8　　　　　　　　　　　17 种有毒 PCDD/Fs 异构体的毒性当量系数

Toxic PCDDs isomers	I-TEF	Toxic PCDFs isomers	I-TEF
2，3，7，8-TeCDD	1	2，3，7，8-TeCDF	0.1
1，2，3，7，8-PeCDD	0.5	1，2，3，7，8-PeCDF	0.05
1，2，3，4，7，8-HxCDD	0.1	2，3，4，7，8-PeCDF	0.5
1，2，3，6，7，8-HxCDD	0.1	1，2，3，4，7，8-HxCDF	0.1
1，2，3，7，8，9-HxCDD	0.1	1，2，3，6，7，8-HxCDF	0.1
1，2，3，4，6，7，8-HpCDD	0.01	2，3，4，6，7，8-HxCDF	0.1
OCDD	0.001	1，2，3，7，8，9-HxCDF	0.1

续表

Toxic PCDDs isomers	I-TEF	Toxic PCDFs isomers	I-TEF
		1，2，3，4，6，7，8-HpCDF	0.01
		1，2，3，4，7，8，9-HpCDF	0.01
		OCDF	0.001

图 5-8 为 PCDD/F 异构体含量的实验数据与两种预测模拟数据的对比。从图 5-

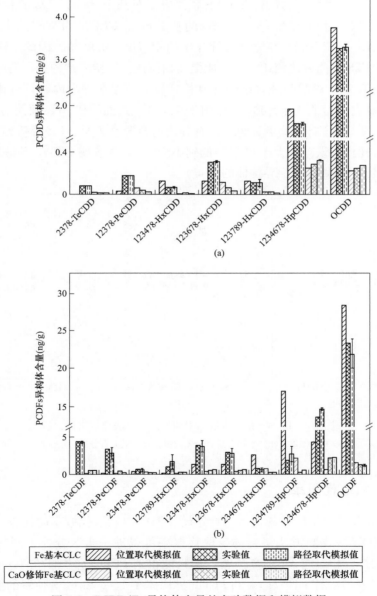

图 5-8　PCDD/Fs 异构体含量的实验数据和模拟数据

（a）PCDDs；（b）PCDFs

8（a）可以看出，两种预测方法都能更好地接近实验数据。以基于 Fe 的 CLC 为例，与现有的 PSTS 预测方法相比，PTWS 预测方法在 12378-PeCDD、123478-HxCDD、123678-HxCDD 等异构体上的预测值均有显著提高。然而，基于 Fe 的含 CaO 修饰 CLC 的结果还需要通过评价参数进一步量化。同样，由图 5-8（b）可以看出，PTWS 预测方法在 234678-HxCDF、1234789-HpCDF、OCDF 的预测值明显优于 PSTS 预测方法。

为了进一步定量评价和对比 PTWS 预测方法和 PSTS 预测方法，分别以相似度（S）、平均百分含量误差（C）和最大百分含量误差（Z）为评价指标，结果如图 5-9 所示。由图 5-9（a）可以看出，PTWS 预测方法对基于 Fe 的 CLC 的相似度较 PSTS 预测方法有所提高，而对于带有 CaO 修饰的基于 Fe 的 CLC，PTWS 预测方法计算出的相似度（0.920）低于 PSTS 预测方法计算出的相似度（0.946）。因此，这说明 PTWS 预测方法与 PSTS 预测方法相比，并不能提高相似性。值得注意的是，两组计算案例的相似度均高于 0.92，说明两种方法的计算精度较高。但在平均内容百分比误差［见图 5-9（b）］和最大内容百分比误差［见图 5-9（c）］方面，PTWS 预测方法明显优于 PSTS 预测方法。对于计算案例，将平均百分比内容误差从大于 5％ 降低到小于 1％，同时将最大百分比内容误差从大于 25％ 降低到小于 5％，这表明 PTWS 预测方法比 PSTS 预测方法更接近于 PCDD/Fs 异构体的分布。

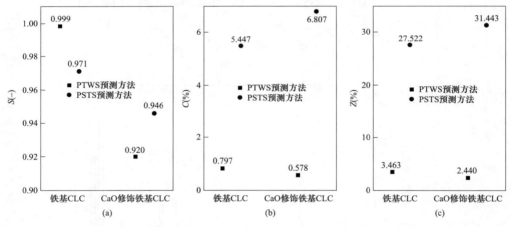

图 5-9　PTWS 预测方法与 PSTS 预测方法评价指标比较

（a）相似度；（b）平均含量百分比误差；（c）最大百分比含量误差

5.2.1　氯取代概率

图 5-10 给出了 PCDD/F 异构体中特定转化路径中氯取代概率的比较。首先，可以看出，利用 PTWS 预测方法得到的氯取代概率可以进一步区分处于同一位置的不同 PCDD/F 异构体。相对应，PSTS 预测方法只能得到 PCDD 异构体在 1、4、6、9 位置的氯取代概率值［见图 5-10（a）］和 PCDF 异构体在 4、6 和 1、9 位置的氯取代概率值［见图 4-5（b）］。因此，PTWS 预测方法比 PSTS 预测方法更适合于 PCDD/Fs 异构体氯取代过程的进一步分析。结合图 6a、b、k8、f6、f10 得到的氯取代概率值，变化更

为明显，尤其是 f10（使用 CaO 修饰时，由 0.294 变为 0.026）。这表明，CaO 修饰的转换路径可以减少氯替代概率主要包括转换路径从 1234678-HpCDD 到 OCDD，转换路径从 123789-HxCDF 到 1234789-HpCDF 转换路径和从 1234678-HpCDF 到 OCDF。

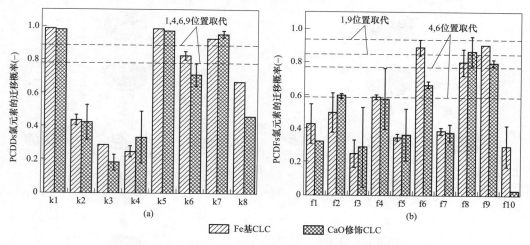

图 5-10　PCDD/Fs 异构体特定转化路径的氯取代概率

5.2.2　PCDD/Fs 百分比含量迁移

根据上节得到的氯取代概率值，分别绘制了基于 Fe 的 CLC 和 CaO 修饰 CLC 的 PCDD/F 百分比含量迁移图，分别如图 5-11 和图 5-12 所示。由图 5-11 可以看出，CaO 修饰使 12378-PeCDD 的氯取代路径分配发生了明显的变化，尽管它们中的大多数通过进一步的氯取代生成了 1234678-HpCDD。因此，123478-HxCDD、123678-HxCDD 和 123789-HxCDD 是 PCDD 同分异构体转化过程中的中间产物。相对而言，CaO 修饰对 1234678-HpCDD 向 OCDD 转化路径的影响较为明显。

从图 5-12 中可以看出，CaO 修饰显著改变了氯替代 2378-TeCDF 的路径分布，尽管从 2378-TeCDF 到 23478-TeCDF 的转化路径始终是主要方向。同样，CaO 修饰也显著改变了氯进一步取代 23478-PeCDF 和 12378-PeCDF 的路径分布。值得注意的是，123478-HxCDF 和 123678-HxCDF 是唯一的中间产物，这只导致最终剩余量有很小的差异。相应地，1234789-HpCDF 和 1234678-HpCDF 向 OCDF 的转化路径被认为是 CaO 修饰影响 PCDFs 异构体分布的关键路径。

5.2.3　平均毒性当量

图 5-13 显示了 PCDD/F 异构体的平均毒性当量迁移情况。从图 5-13（a）中可以发现，CaO 修饰导致平均毒性当量增加，主要是因为 12378-PeCDD 的氯进一步取代路径发生了改变。特别是 CaO 修饰带来了更多的 12378-PeCDD 残留含量，同时其毒性当量明显高于氯替代产品。随后对 PCDD 异构体的氯取代过程并没有导致平均毒性当量的显著变化，这与随后的 PCDD 异构体的毒性当量较低有关。由图 5-13（b）可以看出，

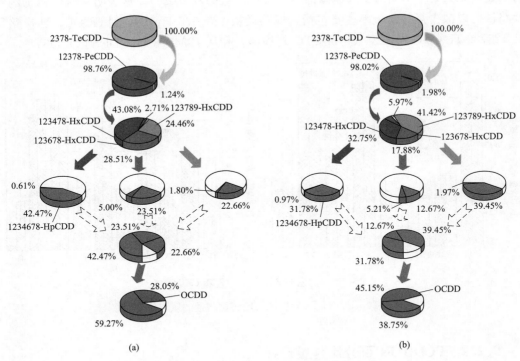

图 5-11　PCDDs 百分含量迁移路径

（a）Fe 基 CLC；（b）CaO 修饰 CLC

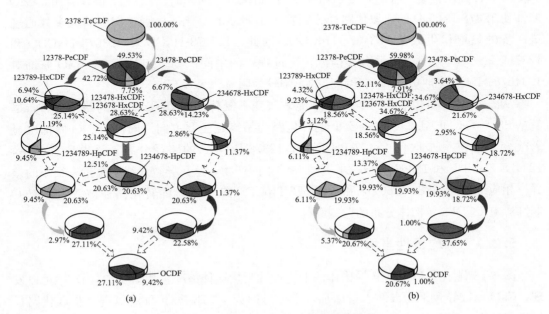

图 5-12　PCDFs 含量百分比迁移路径

（a）Fe 基 CLC；（b）CaO 修饰 CLC

CaO 修饰对进一步氯置换工艺对 2378-TeCDF 的平均毒性当量有明显影响，而后续氯置换工艺消除了与此工艺的平均毒性当量差。而氯取代 1234(6)78-HxCDF 和 123789-Hx-CDF 的平均毒性当量变化受 CaO 修饰影响较小。这是因为有毒的 1234(6)78-HxCDF 和 123789-HxCDF 大于其后续氯替代产品，和 CaO 修饰不是有利于进一步氯取代的过程 1234(6)78-HxCDF。综上所述，CaO 修饰进一步降低了 12378-PeCDD 的氯取代概率，这是 PCDDs 平均毒性当量增加的主要原因，而 CaO 修饰不能明显改变 PCDFs 的平均毒性当量。

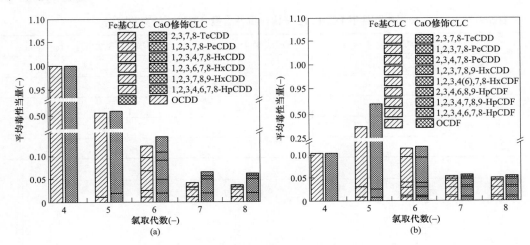

图 5-13　PCDDs 和 PCDFs 的平均毒性当量迁移情况
(a) PCDDs；(b) PCDFs

5.3　氯元素迁移关联模型

固体燃料（包括煤粉[222]、城市固体废物[223]和塑料废物[210]）的燃烧过程被认为是 PCDDs 和 PCDFs 的主要来源。值得注意的是，产生的 PCDD/Fs 的减少程度与毒性当量的减少程度是不一样的，这表明 PCDD/Fs 异构体的分布特征和形成途径发生了根本变化。通过位置取代（PSTS）预测方法计算了 PCDD/Fs 形成过程中氯的取代概率[225]，并提出了路径取代（PTWS）预测方法[226]来区分 PCDD/Fs 异构体。但它仍然没有涉及与 HCl 浓度和 SO_2 浓度的更具体的相关性。

为此，首先提出了 PCDD/Fs 毒性当量关联模型，定量分析了 HCl 和 SO_2 浓度之间的相关性，同时采用诊断 PCDD/Fs 异构体间转化途径的方法[226]，通过计算氯替代概率，分析 PCDD/Fs 异构体的百分比及其平均毒性当量迁移量，研究混合污泥对 PCDD/Fs 异构体煤燃烧的作用途径。所选实验数据均为燃煤和 10% 的污泥的实验数据。通过获得燃煤与污泥混合生成 PCDD/Fs 异构体的相关特性，为后续燃煤和固体燃料混合燃烧的低 PCDD/Fs 排放奠定理论基础。

5.3.1 实验数据

本研究中 PCDD/Fs 异构体在燃煤和污泥混合中的实验数据来源于已有的报道[227]，如表 5-9 所示。可以看出，在五种工况下，PCDD/Fs 异构体的毒性当量分布存在明显的差异。同时，图 5-14 显示了 17 种毒性 PCDD/Fs 异构体的毒性当量分布。值得注意的是，即使是在不同条件下最高的毒性当量，其异构体的分布规律也不清楚。因此，有必要对 PCDD/Fs 生成与 PCDD/Fs 异构体之间转化的相关性进行系统的研究。

表 5-9　　　　两种操作条件下 PCDD/Fs 异构体毒性当量（TEQ）的实验数据

工况	HCl 浓度（mg/m³）	SO₂ 浓度（mg/m³）	PCDD/Fs 毒性当量（pg/m³）
煤	93	260	152.8
2%污泥	83	296	17.4
5%污泥	89	388	27.1
10%污泥	89	412	25.8
20%污泥	92	436	87.2

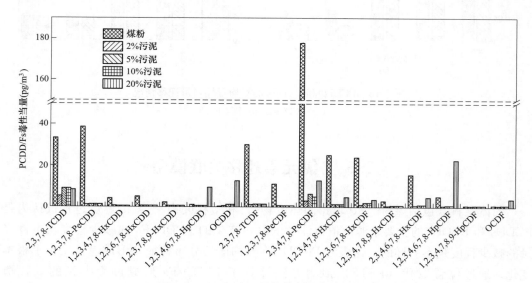

图 5-14　PCDD/Fs 异构体的毒性当量分布

5.3.2 建模方法

（1）理论基础。在现有的文献报道中，有研究表明 HCl 浓度与 PCDD/Fs 含量呈正相关[228]，且 HCl 与 Cl₂ 浓度之间存在自平衡关系。然而，SO₂ 的存在会与 Cl₂ 反应生成 HCl，这大大降低了其氯化活性。同时，有报道称 SO₂ 可以与催化金属反应，破坏其催化性能，这与 PCDD/Fs 的生成呈负相关。如图 5-15 所示，通过设定线性相关函数将 HCl 浓度与 SO₂ 进行关联，并将二者组合成一个新的函数值，并与毒性当量进行匹配，确定多项式相关关系。在此基础上，进一步定量分析了氯在 PCDD/Fs 异构体间的迁移过程，并通过计算氯的取代概率确定了 PCDD/Fs 异构体间的转换关系。具体过程可参考现有文献[226]。

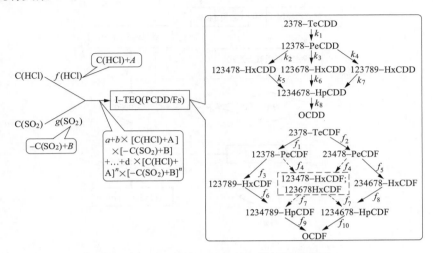

图 5-15　PCDD/Fs 生成的相关特性示意图

（2）方法论。图 5-16 是相关模型的逻辑关系图。首先，将实验数据绘制在等高线上，设置初始输出值 A 和 B，剔除偏差较大的数据点。然后，选择关联函数表达式（初始，$n=1$），随机选择相关系数，计算相似度值（S_{total}），与已有值进行比较以便于大小的确定。如果小于原始值，则直接确定计算次数。当该值大于原始值时，将替换系数，然后再确定计算次数。在计算数 i 的判断中，如果 i 不超过 10 000，将再次随机选取相关系数进行新一轮优化。如果 i 大于 10 000，则输出相关系数，并确定函数表达式。当指数 n 的值小于等于 3 时，将 i 再次设为 0，进行新一轮的计算。当 n 大于 3 时，计算终止。图 5-17 显示了路径诊断方法的逻辑关系。主要根据实验值分析异构体形成的概率。$k1 \sim k8$ 值表示 7 种毒性 PCDDs 异构体之间氯的取代概率，$f1 \sim f10$ 值表示 PCDFs 异构体之间氯的取代概率。根据 3.3.3 节列出的评价指标（S 和 C）对氯替代组合进行优化。所使用的随机方法是基于最可能概率理论。用最可能的方法可以最大限度地预测实际的异构体转化情况。通过对实验数据的多次测量和对该方法的多次优化，进一步避免了误差。更详细的理论概述可在参考文献［226］中找到。

（3）评价指标。通过相似度（S）、平均百分含量误差（C）和平均毒性当量（M）验证了预测模型的可靠性和准确性[226]。S 和 C 可以用来优化异构体的组成精度，M 可以用来评价氯元素迁移过程中毒性的变化程度。其中，S 表示评价值与实验值的差值。S 的相似度越接近 1，预测就越准确。相似范围如式（5-6）所示。

$$S = \frac{\sum A_i B_i}{\sqrt{\sum (A_i)^2 \sum (B_i)^2}} \tag{5-6}$$

其中，PCDD/Fs 异构体中各组分的预测值和实验值分别用 A_i 和 B_i 表示。

C 是从 PCDD/Fs 异构体百分比含量的角度进一步评估预测值的准确性。C 定义式

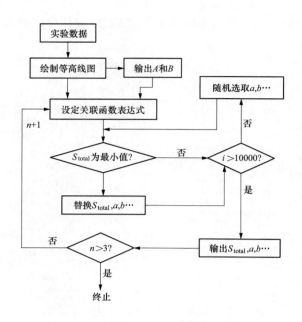

图 5-16　关联模型的逻辑关系图

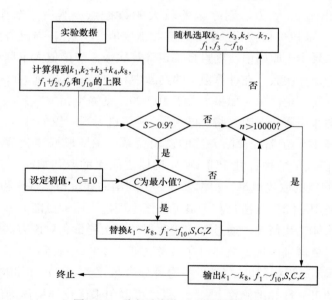

图 5-17　路径诊断方法的逻辑关系图

如式（5-7）所示。

$$C = \frac{1}{i} \sum |A_i - B_i| \tag{5-7}$$

M 用于分析 PCDD/Fs 异构体的毒性当量迁移规律，表示 PCDD/Fs 异构体百分比含量及其相应毒性当量产物的积累。其定义式如式（5-8）所示。

$$M = A_i \cdot (\mathrm{I} - \mathrm{TEE})_i \tag{5-8}$$

5.3.3 结果与讨论

（1）HCl 和 SO_2 的相关性。图 5-18 显示了 PCDD/Fs 毒性当量与 HCl 浓度、SO_2 浓度之间的相关性。首先可以发现，在特定的毒性当量下，HCl 浓度和 SO_2 浓度呈现双曲线趋势，这与模型有关。同时，这条相关曲线的趋势呈现出单调的趋势，它们的导数具有特定的拐点。可以看出，随着毒性当量的增加，这个拐点会向 SO_2 浓度越低、HCl 浓度越高的方向延伸。此外，可以确定的是，在给定浓度的 HCl 和 SO_2 下，改变它们的浓度引起的毒性当量的增加，可以视为多项拟合函数的变化，这个函数关系不是固定的，而是与变量有关。如图 5-19 所示，将预测结果与实验结果对比发现，除混合 2% 污泥外，其他工况均符合较好。这是因为在建模过程中，将混合了 2% 污泥作为单个偏差点删除了。

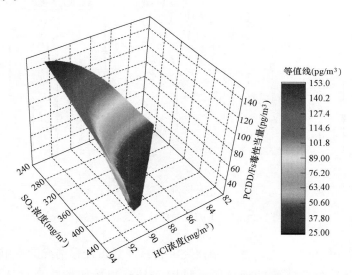

图 5-18　PCDD/Fs 毒性当量与 HCl 浓度、SO_2 浓度的相关性研究

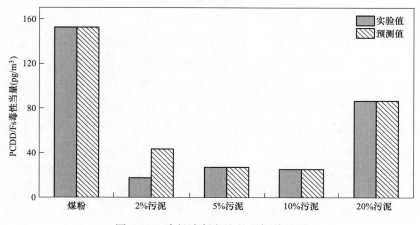

图 5-19　路径诊断方法的逻辑关系图

（2）氯替代概率。

基于以上分析，选择 10％污泥混合和单一燃煤作为对比。为进一步确定混合污泥对煤燃烧中 PCDD/Fs 生成的影响，计算了 PCDD/Fs 异构体的氯取代概率，结果如图5-20 所示。可以发现，计算出来的氯取代概率值存在一定的误差范围，这与氯代概率值的准确性和计算过程中的误差演化有关。对于 PCDDs 异构体，混合污泥显著增加了123678-HxCDD 向 1234678-HpCDD 转化过程和 1234678-HpCDD 向 OCDD 转化过程中的氯的取代概率。对于 PCDFs 异构体，混合污泥显著增加了 123789-HxCDF 向 1234789-HpCDF 转化过程中，以及 1234789-HpCDF 和 1234678-HpCDF 向 OCDF 转化过程中的氯的替代概率。综上所述，污泥混合可以通过改变 PCDD/Fs 异构体之间的特定转化途径来改变其分布特征。

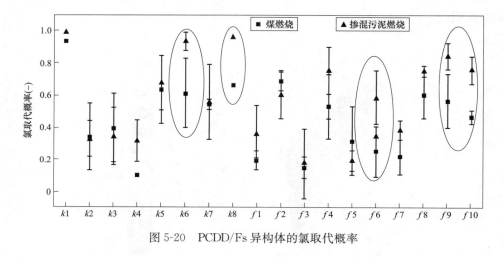

图 5-20　PCDD/Fs 异构体的氯取代概率

（3）氯元素迁移情况。为了进一步探究混合污泥对氯迁移情况的影响，分别绘制了PCDD/Fs 异构体百分比含量的迁移图（见图 5-19）和平均毒性当量迁移图（见图 5-20）。需要指出的是，氯取代次数的增加过程也可以预测氯取代的发生所带来的连续推进过程。

对于 PCDDs 异构体，由图 5-21（a）可以发现，混合污泥的影响主要是 12378-PeCDD 到 123478 六氯二苯并对二噁英（123478-HxCDD）的转化和 1234678-HpCDD 到OCDD 的转化。而由图 5-22（a）可以发现，混合污泥降低 PCDDs 平均毒性当量的主要原因是 12378-PeCDD 在第 4 位的氯替代概率增加。同样，由图 5-21（b）可以发现，混合污泥引起了 PCDFs 异构体含量的许多变化，主要包括 2378-TeCDF 的氯取代概率进一步提高，以及 1234(6)78 六氯二苯并呋喃［1234(6)78-HxCDF］、1234789-HpCDF和 OCDF 的生成情况。但由图 5-22（b）可以发现，混合污泥进一步降低燃煤中 PCDFs异构体的平均毒性当量的主要原因是 2378-TeCDF 在第 4 位的氯替代概率的降低，以及23478-PeCDF、123478-HxCDF 和 123678-HxCDF 进一步氯替代的总概率增加。

（4）混合污泥的作用途径。为了阐述污泥混合对燃煤形成 PCDD/Fs 异构体的作用

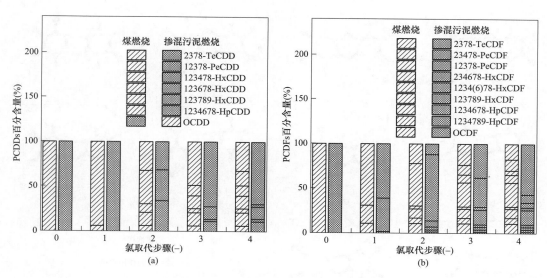

图 5-21　PCDDs 和 PCDFs 百分比含量

（a）PCDDs 百分比含量；（b）PCDFs 百分比含量

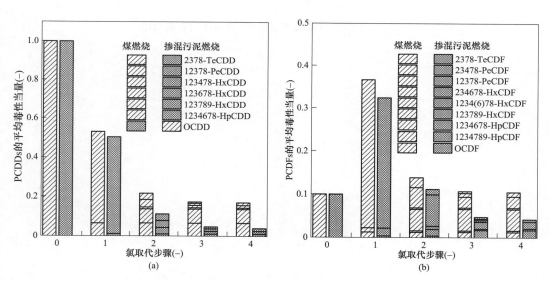

图 5-22　PCDDs 和 PCDFs 的平均毒性当量

（a）PCDDs 的平均毒性当量；（b）PCDFs 的平均毒性当量

途径，根据上述结果，分别出现了主要的作用途径和关键的毒性途径，如图 5-23 所示。显然，图 5-23 不仅阐明了污泥混合对 PCDD/Fs 异构体间转化的影响，而且指出了 PCDD/Fs 异构体毒性当量分布变化的主要原因，为后续相关技术研究提供了新的思路。此外，功能途径诊断的应用可以区分 PCDD/Fs 异构体间物质数量的转化和 PCDD/Fs 异构体间毒性当量的转化，有利于从微观机制探索抑制或促进途径。也有利于人为干预特定的 PCDD/Fs 毒性异构体。同时，为调整固废配比抑制 PCDD/Fs 的形成提供了理论依据。

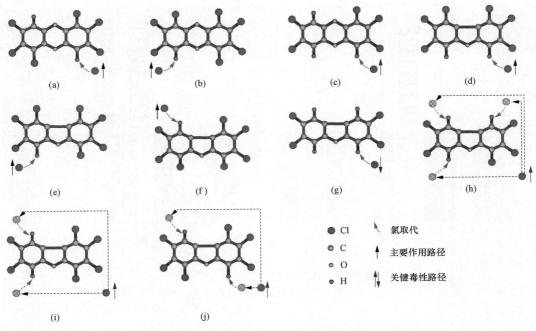

(a)　　　　　　　　(b)　　　　　　　　(c)　　　　　　　　(d)

(e)　　　　　　　　(f)　　　　　　　　(g)　　　　　　　　(h)

(i)　　　　　　　　(j)

● Cl　　↗ 氯取代
○ C　　↑ 主要作用路径
○ O　　↕ 关键毒性路径
● H

图 5-23　10%污泥混合 PCDD/Fs 异构体的作用途径

量子化学辅助定向调控晶格氧传递研究

量子化学技术作为一种方法已经被开发出来，以协助对多种催化剂进行结构调节。例如，N K Dharmarathne 等[229]研究了六氯环戊二烯（HCCP）在流化床反应器中分别在惰性和氧化条件下的热分解。研究发现，在高的 O-2 水平（大于 10%左右）下，六氯环戊二烯的分解率以及 8ClNP 和六氯苯的产率下降，这证实量子化学技术可以用来模拟和计算气体分子之间的反应。Altarawneh 等[230]通过使用量子化学技术计算反应能垒，对多溴二苯并对二噁英和二苯并呋喃（PBDD/Fs）的排放进行了动力学研究，证明二噁英的氯化机制主要由非均质途径控制。Pérez 等[231]利用电子转移系数（ETC）理论的量子化学模型研究了草甘膦的遗传毒性，结果表明，通过优化过渡态，草甘膦在所有类型的物质中具有最高稳定性。Zou 等[232]利用密度泛函理论（DFT）研究了砷氧化物（AsO_2 和 As_2O_3）与 CO 的均相和非均相反应机制，确定 AsO_2 与 CO 的均相中应该有两个通道，然后剖析了反应通道的过渡态。Kennedy 等人[233]利用量子化学技术描述了支持一溴苯分子（MBZ）低温燃烧的主要化学现象，并利用其现象绘制了主要中间产物和产物的温度依赖曲线，表明 Br 反转取代对 MBZ 的初始燃烧作出了重要贡献。

本章的重点是基于量子化学计算，同时结合能量势、作用角方法和二噁英途径全概率分辨率的结果[234]，对二噁英的生产进行调控。预计它将为后续氧载体的定向调节提供理论指导。

6.1 理 论 基 础

PCDD/Fs 异构体转化中的氯取代过程主要取决于分子间转化的难度和碰撞的概率。其中，分子间转化的难度可以通过计算分子的势能和反应前后的能量屏障来评估。而分子间碰撞概率则与分子本身的结构有关。在这项工作中，提出了分子间相互作用的角度来描述因几何结构造成的反应差异。在化学循环燃烧（CLC）中引入氧载体（OCs）引起的 PCDD/Fs 形成过程中，铁基体引起的氯取代的能垒变化将是核心环节。首先，将铁基体（OC）的细胞结构［见图 6-1（b）］与非细胞结构［见图 6-1（a）］进行比较，然后通过改变细胞结构来调节氯取代过程的能垒和作用角［见图 6-1（c）］。为了进一步研究铁基体调控对氯代过程能量屏障的影响，通过改变铁基体的结构成分来调整氯代过程的几个因素是一个关键内容。调节铁基体的方法主要包括稳定加载改性组分、干预加载改性组分、优化改性组分、铁基体的结构重组等。因此，下面将从这四个方面详细分析铁基体调节对 PCDD/Fs 生成的影响。

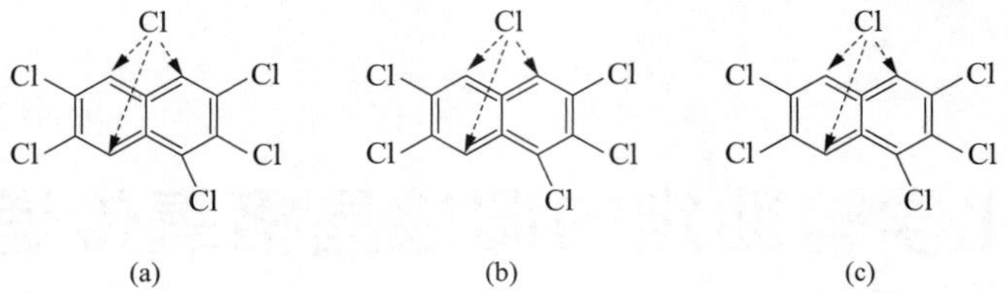

图 6-1　PCDD/Fs 异构体之间氯取代的定向调节的理论基础
（a）无晶胞作用；（b）铁基晶胞作用；（c）修饰晶胞作用

6.2　量子化学计算模型

所有的结构都是用 Vienna Ab initio Simulation Package（VASP5.4）优化的，它使用平面波基集来解决密度泛函理论（DFT）的 Kohn-Sham 方程[235-236]。使用 Perdew-Burke-Ernzerhof（PBE）交换相关函数，在投影仪增强波（PAW）方法的框架内，所有计算的截止能量被设置为 450eV[237-239]。布里渊区是用 Monkhorst-Pack 方法对 $5 \times 5 \times 1$ 个 k 点进行采样的。当力分量小于 $0.02eV\text{Å}^{-1}$ 的阈值，且总能量的变化小于 10^{-5} eV 时，结构就收敛。

赤铁矿（α-Fe$_2$O$_3$）具有典型的斜方体结构，空间群为 R3c。每个铁原子与相邻的 6 个氧原子协调，每个氧原子与 4 个铁原子协调，形成刚玉晶体结构，这在之前的研究中已经有详细描述。从整体上切割出来的 α-Fe$_2$O$_3$（001）的表面具有最佳的单位晶胞体积，其晶格参数（$a=b=5.136\text{Å}$，$c=13.964$）与实验数据（$a=b=5.035\text{Å}$，$c=13.720\text{Å}$）有良好的一致性。底层被固定在原来的体积位置，其他层被完全放松以进行结构优化。在真空环境下，板块的相邻镜像可以分离，垂直方向的真空层厚度设定为 20Å。实验测试了不同板块厚度的 α-Fe$_2$O$_3$（001）的表面能，以确定板块的大小，最终建立了最稳定的板块模型。对于 Si 掺杂的-Fe$_2$O$_3$（001），一个 Fe 原子被一个 Si 原子取代。对于 Na$_2$O 和 CaO 装饰的 α-Fe$_2$O$_3$（001），Na$_2$O 和 CaO 化学吸附在 α-Fe$_2$O$_3$（001）的表面。对于人为干预的过程，通过在 α-Fe$_2$O$_3$（001）表面拉起一个 Fe 获得的结构，来探索稳定的铁基电池的修饰方向。

吉布斯自由能变化的计算方法是

$$\Delta G_{ads}(T,P) = E_{ads}^{DFT} - E_{slab}^{DFT} - E_g^{DFT} + \Delta F^{vib,ads}(T) -$$

$$\left[\Delta H_g(0K \rightarrow T, P^0) - TS_g(T, P^0) + kT\ln\left(\frac{P}{P^0}\right) \right] \tag{6-1}$$

式中：E_{ads}^{DFT}、E_{slab}^{DFT} 和 E_g^{DFT} 分别为吸附复合物、孤立分子和 α-Fe$_2$O$_3$（001）的总能量；$F^{vib,ads}(T)$ 指零点能量（ZPE）校正，在所有的气体吸附过程中都会考虑到。

6.3 结果和讨论

6.3.1 一步式氯替代工艺

由于多氯二苯并对二噁英异构体的毒性特点，这些同系物的毒性当量直接受到 12378-PeCDD 的氯替代影响。分别计算了 4 号、6 号和 9 号位的氯取代的能量屏障，发现 12378-PeCDD 的进一步氯取代最容易发生在 6 号位。根据氯取代的难度，这个顺序符合远端偏好原则。我们之前通过概率分析解决了 PCDDs 异构体的关联问题，这些计算结果与计算的能量屏障并不完全一致。同时，应该注意的是，通过优化相互作用结构，异构体分子和晶胞之间的作用角发生了变化。图 6-2 显示了作用角参数的设置和迁移规则。因此，进一步考虑作用角的迁移是深入优化晶格氧相互作用的另一个重要因素，并探索优化的方向。

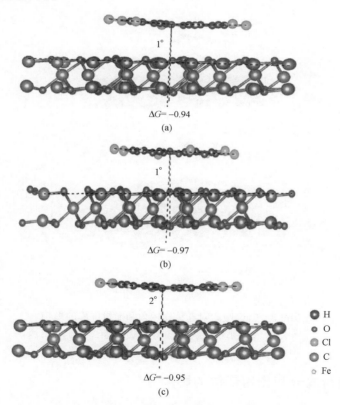

图 6-2 氯取代过程中作用角和能量屏障的迁移
(a) 4 号；(b) 6 号；(c) 9 号

6.3.2 CaO 吸附的影响

首先，在 CaO 改性的条件下，原有的能垒有所增加。这表明氯气取代更难发生，这可能是 CaO 改性减少 PCDD/Fs 产生的原始原因之一。同时，CaO 改性的介入导致 6 号位置的氯取代过程不再是最容易发生的途径，而是调整到 9 号位置。这一结果表明，CaO 改性可以直接改变 PCDD/Fs 异构体的分布模式，通过调节 CaO 改性可以进一步实现 PCDD/Fs 毒性的降低。需要注意的是，优化的作用角从根本上得到了改变，从而表明改变最佳作用角（改变分子间碰撞概率），也有可能是降低 PCDD/Fs 异构体毒性当量的原因，尤其是在 9 号位置的能量屏障和作用角的数值与其他两个途径有明显不同。关于作用的细节，可以在图 6-3 中看到。

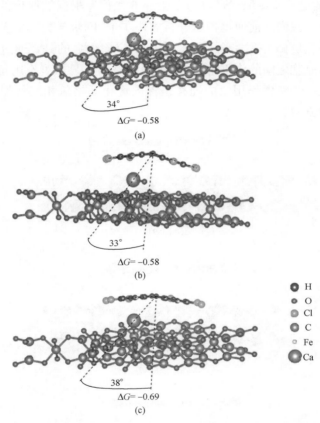

图 6-3　CaO 吸附对迁移作用角和能量屏障的影响

(a) 4 号；(b) 6 号；(c) 9 号

6.3.3　载荷成分和作用部位的影响

为了进一步研究载荷成分和作用部位，分别采用 Na_2O 和 CaO，通过人工旋转 $90°$ 来优化结构。结果如图 6-4 和图 6-5 所示。需要指出的是，选择 Na_2O 和 CaO 作为计算案例是基于双金属原子和单金属原子的区别。首先，从图 6-4 可以看出，当 CaO 被加载到铁基电池表面时，人工旋转 $90°$ 后作用角变化不大，但对能量屏障的影响非常明显。可以推断出，对于单金属氧化物负载，负载形式的优化主要取决于能量屏障的影响，而作用角的影响并不明显。相反，图 6-5 显示，Na_2O 载荷形式被人为旋转 $90°$ 后，能量屏障的影响很小，但作用角却明显改变。同样，由于推断出的双金属氧化物载荷，需要更加关注作用角的变化。

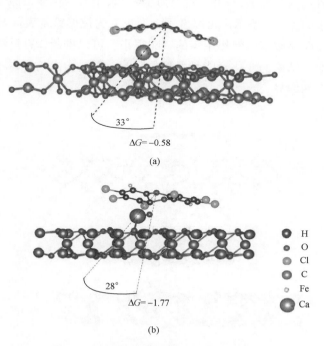

图 6-4　成分和作用点对 CaO 负载的影响

（a）旋转前；（b）旋转后

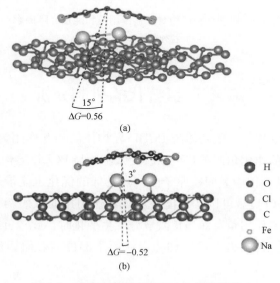

图 6-5　成分和作用点对 Na_2O 负载的影响

（a）旋转前；（b）旋转后

6.3.4 铁基结构调控的效果

为了进一步研究铁基细胞结构的方向性调控，采用人为拉伸铁原子的方法来改善铁基细胞结构，结果如图 6-6 所示。可以发现，通过人为拉伸铁基表面与 PCDD 异构体表面的作用角，能垒明显改变，但作用角的影响很小。可以推断，在后续的铁基体优化过程中，应考虑铁原子结构的变化对能量屏障的影响。需要指出的是，不同异构体之间的能垒变化存在一定的差异。

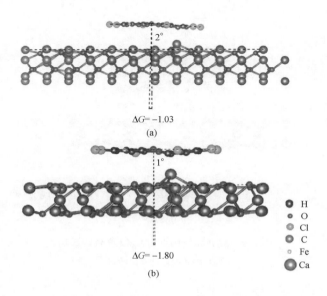

图 6-6 铁基细胞结构对迁移作用角和能量屏障的影响

(a) 拉伸前；(b) 拉伸后

6.4 氯替代的机制分析

综上所述，可以发现，以铁基体与 PCDD 异构体的相互作用为例，通过表面加载、组分调节和加载物质的作用角调节，可以改变铁基体与 PCDD 异构体的相互作用，如图 6-7 所示。同时，对铁基体中表面铁原子的位点拉伸的优化也能带来重大影响。具体来说，铁基体表面的 CaO 负载可以实现能量屏障和作用角的双效调节。在此基础上，旋转负载点可以明显改变作用角，而当负载成分发生变化时，旋转负载点的调整可以更明显地改变能量屏障。此外，人工设计和特定铁原子部位的表面调整也能明显改变能量屏障。

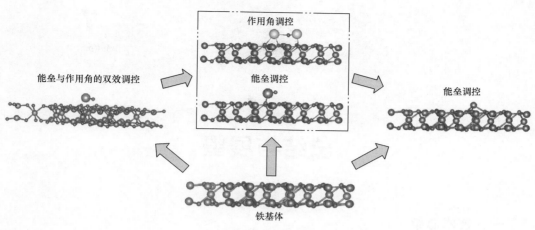

图 6-7　铁基的定向调节机制

总结与展望

一、技术总结

在固体垃圾能源利用及污染物超低排放政策引导下,源头抑制燃烧过程中二噁英的生成已成为各界人士的共识。尤其在"双碳"战略目标下,将化学链燃烧技术与源头抑制二噁英相结合具有重要的时代价值。氧载体的选择是化学链燃烧技术的关键因素,本书从热力学和动力学角度首先对氧载体的种类与改性方向进行了前期研究。燃烧过程中脱氯也是源头抑制二噁英的重要环节,本书依次从合成气化学链燃烧、固体垃圾化学链燃烧,以及氧载体修饰改性等方面证实了化学链燃烧技术源头抑制二噁英的可行性。数学建模是深度揭示二噁英生成与转化路径的有效方式,本书依次氯取代模型、异构体迁移模型、氯元素迁移关联模型等三个数学模型的角度探索了二噁英生成机理。最后,从量子化学理论层面对氧载体的组分调控和结构调控进行了前沿探索,在氧载体晶格氧传递和吸附改性两个方面指出了改进方向。

二、未来展望

固体垃圾的无害化处理仍将是长周期下的战略目标,与此同时在"双碳"目标的指引下,固体垃圾化学链燃烧源头抑制二噁英生成将具有较高的工程应用价值。由于该技术本身存在反应器的特殊性、氧载体修饰的专一性,以及多污染协同脱除的统一性,仍需要进一步技术探索与开发,具体如下:

1. 燃烧反应器的设计及优化

大容量固体垃圾循环流化床焚烧炉是解决固体垃圾焚烧的重要方式,当前固体垃圾循环流化床焚烧炉设计还未有针对固体垃圾多组分的不确定性进行结构设计与工程示范,在焚烧过程中存在燃烧不充分和温控不合适的状态,均会增加二噁英的生成。

2. 高效氧载体的设计及开发

氧载体是化学链燃烧过程中最重要的一环,高效、环保、廉价的氧载体是制约化学链燃烧技术进一步发展和大规模推广的最主要的因素,主要关注方面包括:

(1) 反应性能。进一步修饰的氧载体能否具有较高的反应性始终是一个值得关注的问题。

(2) 循环稳定性能。在化学链燃烧过程中,氧载体在反应炉中可很好地循环再利用，所负载的组分是否稳定以及如何再生，仍需要深入研究。

（3）耐磨性能。氧载体的包覆修饰与掺杂修饰都将存在氧载体的结构组分不均，所研发的定向调控是否在磨损后仍保持原有的反应活性也值得关注。

（4）经济性。复杂组分的廉价性，是该技术推广的关键因素，包括负载组分的价格以及负载工艺的成本。

参 考 文 献

［1］ 李昌桦，杨毓中. 意大利萨维索（Seveso）事件［J］. 化工安全与环境，2001（12）：2-5.

［2］ Olie K，Vermeulen R L，Hutzinger O. Chlorobenzo-p-dioxins and chlorobenzo-furans are trace components of fly ash and flue gas of some municipal incinerators in the Netherlands［J］. Chemosphere，1977，6（8）：455-459.

［3］ Stockholm Convention［EB/OL］. http：//www. pops. int/.

［4］ Directive 2000/76/EC of The European Parliament and of The Council of 4 December 2000 on the incineration of waste Directive.

［5］ Wang P J，Yan F，Xie F，et al. The co-removal of PCDD/Fs by SCR system in a full-scale municipal solid waste incinerator：Migration-transformation and decomposition pathways［J］. Science China（Technological Sciences），2022，65（10）：2429-2441.

［6］ 王金星，魏书洲，宋海文，等. 化学链燃烧抑制二噁英生成技术研究进展［J］. 动力工程学报，2022，42（02）：101-108.

［7］ Zain S M S M，Latif M T，Baharudin N H，et al. Atmospheric PCDDs/PCDFs levels and occurrences in Southeast Asia：A review［J］. Science of the Total Environment，2021，783：146929.

［8］ Nganai S，Dellinger B，Lomnicki S. PCDD/PCDF Ratio in the Precursor Formation Model over CuO Surface. Environ. Sci. Technol. 2014，48：13864-13870.

［9］ Nganai S，Lomnicki S，Dellinger B. Formation of PCDD/Fs from the Copper Oxide-Mediated Pyrolysis and Oxidation of 1，2-Dichlorobenzene. Environ. Sci. Technol. 2011，45：1034-1040.

［10］ Guan X，Ghimire A，Potter P M，et al. Role of Fe_2O_3 in fly ash surrogate on PCDD/Fs formation from 2-monochlorophenol［J］. Chemosphere，2019，226：809-816.

［11］ Claudia S G，Sophie S，Fresnedo M，et al. PCDD/Fs traceability during triclosan electrochemical oxidation. J. Hazard. Mater. 2019，369：584-592.

［12］ Potter P M，Guan X，Lomnicki S M. Synergy of iron and copper oxides in the catalytic formation of PCDD/Fs from 2-monochlorophenol［J］. Chemosphere，2018，203：96-103.

［13］ Hou S，Altarawneh M，Kennedy E M，et al. Formation of polychlorinated dibenzo-*p*-dioxins and dibenzofurans（PCDD/F）from oxidation of 4，4-dichlorobiphenyl（4，4-DCB）［J］. Proceedings of the Combustion Institute，2019，37：1075-1082.

［14］ Chen Z L，Lin X Q，Lu S Y，et al. Suppressing formation pathway of PCDD/Fs by S-N-containing compound in full-scale municipal solid waste incinerators［J］. Chemical Engineering Journal，2019，359：1391-1399.

［15］ Lin S L，Lee K L，Wu J L，et al. Effects of a quenching treatment on PCDD/F reduction in the bottom ash of a lab waste incinerator to save the energy and cost incurred from postthermal Treatment［J］. Waste Management，2019，95：316-324.

［16］ Yan M，Li X，Yang J，et al. Sludge as dioxins suppressant in hospital waste incineration. Waste. Manage. 2012，32：1453-1458.

［17］ Liu L，Li W P，Xiong Z S，et al. Synergistic effect of iron and copper oxides on the formation of persistent chlorinated aromatics in iron ore sintering based on in situ XPS analysis [J]. Journal of Hazardous Materials, 2019, 366: 202-209.

[18] Gao Q J, Budarin V L, Cieplik M, et al. PCDDs, PCDFs and PCNs in products of microwave-assisted pyrolysis of woody biomass - Distribution among solid, liquid and gaseous phases and effects of material composition [J]. Chemosphere, 2016, 145: 193-199.

[19] Zhou H, Meng A, Long Y Q, et al. A review of dioxin-related substances during municipal solid waste incineration [J]. Waste Management, 2015, 36: 106-118.

[20] Chen Z L, Lin X Q, Lu S Y, et al. Formation pathways of PCDD/Fs during the Co-combustion of municipal solid waste and coal [J]. Chemosphere, 2018, 208: 862-870.

[21] Hua X N, Wang W. Chemical looping combustion: A new low-dioxin energy conversion technology [J]. Journal of Environtal Sciences, 2015, 32: 135-145.

[22] Zhang M, Yang J, Buekens A, et al. PCDD/F catalysis by metal chlorides and oxides. Chemosphere. 2016, 159: 536-544.

[23] Stanmore B R. The formation of dioxins in combustion systems [J]. Combustion and Flame, 2004, 136: 398-427.

[24] Addink R, Altwicker R E. Formation of polychlorinated dibenzo-p-dioxins and dibenzofurans from chlorinated soot [J]. Carbon, 2004, 42: 2661-2668.

[25] Ma H T, Du N, Lin X Y, et al. Inhibition of element sulfur and calcium oxide on the formation of PCDD/Fs during co-combustion experiment of municipal solid waste [J]. Science of the Total Environment, 2018, 633: 1263-1271.

[26] Zhang M M, Buekens A, Olie K, et al. PCDD/F-isomers signature-Effect of metal chlorides and oxides [J]. Chemosphere, 2017, 184: 559-568.

[27] 王金星. 塑料垃圾化学链燃烧控制二噁英排放的研究 [D]. 华中科技大学博士学位论文, 2016.

[28] Chen Z L, Tang M H, Lu S Y, et al. Evolution of PCDD/F-signatures during mechanochemical degradation in municipal solid waste incineration filter ash [J]. Chemosphere, 2018, 208: 176-184.

[29] Wang Q L, Huang Q X, Wu H F, et al. Catalytic decomposition of gaseous 1, 2-dichlorobenzene over CuO_x/TiO_2 and $CuOx/TiO_2$-CNTs catalysts: Mechanism and PCDD/Fs formation [J]. Chemosphere, 2016, 144: 2343-2350.

[30] Wang D L, Xu X B, Zheng M H, et al. Effect of copper chloride on the emissions of PCDD/Fs and PAHs from PVC combustion [J]. Chemosphere, 2002, 48: 857-863.

[31] Claudia S G, Roman M F S, Ortiz I. Fate and hazard of the electrochemical oxidation of triclosan. Evaluation of polychlorodibenzo-p-dioxins and polychlorodibenzofurans (PCDD/Fs) formation [J]. Science of the Total Environment, 2018, 626: 126-133.

[32] Zhan M X, Ji L J, Ma Y F, et al. The impact of hydrochloric acid on the catalytic destruction behavior of 1, 2-dichlorbenzene and PCDD/Fs in the presence of VWTi catalysts [J]. Waste Management, 2018, 78: 249-257.

[33] Yoon Y W, Jeon T W, Son J I, et al. Characteristics of PCDDs/PCDFs in stack gas from medical waste Incinerators [J]. Chemosphere, 2017, 188: 478-485.

[34] Mosallanejad S, Dlugogorski B Z, Kennedy E M, et al. Formation of PCDD/Fs in Oxidation of 2-Chlorophenol on Neat Silica Surface [J]. Environ. Sci. Technol, 2016, 50: 1412-1418.

[35] Potter P M, Dellnger B, Lomnicki S M. Contribution of aluminas and aluminosilicates to the formation of PCDD/Fs on fly ashes [J]. Chemosphere, 2016, 144: 2421-2426.

[36] Peng Y Q, Chen J H, Lu S Y, et al. Chlorophenols in Municipal Solid Waste Incineration: A review [J]. Chemical Engineering Journal, 2016, 292: 398-414.

[37] Chen Y C, Kuo Y C, Chen M R, et al. Reducing polychlorinated dibenzo-p-dioxins and dibenzofurans (PCDD/F) emissions from a real-scale iron ore sinter plant by adjusting its sinter raw mix [J]. Journal of Cleaner Production, 2016, 112: 1184-1189.

[38] Calderon B, Lundin L, Aracil I, et al. Study of the presence of PCDDs/PCDFs on zero-valent iron Nanoparticles [J]. Chemosphere, 2017, 169: 361-368.

[39] Gao Q, Edo M, Larsson S H, et al. Formation of PCDDs and PCDFs in the torrefaction of biomass with different chemical composition [J]. Journal of Analytical and Applied Pyrolysis, 2017, 123: 126-133.

[40] Li H F, Liu W B, Tang C, et al. Emissions of 2, 3, 7, 8-substituted and non-2, 3, 7, 8-substituted polychlorinated dibenzo-p-dioxins and dibenzofurans from secondary aluminum smelters [J]. Chemosphere, 2019, 215: 92-100.

[41] Li H F, Liu W B, Tang C, et al. Emission profiles and formation pathways of 2, 3, 7, 8-substituted and non-2, 3, 7, 8-substituted polychlorinated dibenzo-p-dioxins and dibenzofurans in secondary copper smelters [J]. Science of the Total Environment, 2019, 649: 473-481.

[42] Ma Y F, Lin X Q, Chen Z L, et al. Influences of P-N-containing inhibitor and memory effect on PCDD/F emissions during the full-scale municipal solid waste incineration [J]. Chemosphere, 2019, 228: 495-502.

[43] Ji L J, Cao X, Lu S Y, et al. Catalytic oxidation of PCDD/F on a V_2O_5-WO_3/TiO_2 catalyst: Effect ofchlorinated benzenes and chlorinated phenols [J]. Journal of Hazardous Materials, 2018, 342: 220-230.

[44] Zhou X J, Buekens A, Li X D, et al. Adsorption of polychlorinated dibenzo-p-dioxins/ dibenzofurans on activated carbon from hexane [J]. Chemosphere, 2016, 144: 1264-1269.

[45] Liu X L, Ye M, Wang X, et al. Gas-phase and particle-phase PCDD/F congener distributions in the flue gas from an iron ore sintering plant [J]. Journal of Environmental Sciences, 2017, 54: 239-245.

[46] Yu M F, Li W W, Li X D, et al. Development of new transition metal oxide catalysts for the destruction of PCDD/Fs [J]. Chemosphere, 2016, 156: 383-391.

[47] Lin X Q, Yan M, Dai A H, et al. Simultaneous suppression of PCDD/F and NO_x during municipal solid waste incineration [J]. Chemosphere, 2015, 126: 60-66.

[48] Liu M C, Chang S H, Chang M B. Catalytic hydrodechlorination of PCDD/Fs from condensed water with Pd/g-Al_2O_3 [J]. Chemosphere, 2016, 154: 583-589.

[49] Atkinson J D, Hung P C, Zhang Z, et al. Adsorption and destruction of PCDD/Fs using surface-functionalized activated carbons [J]. Chemosphere, 2015, 118: 136-142.

[50] Fujimori T, Nakamura M, Takaoka M, et al. Synergetic inhibition of thermochemical formation of chlorinated aromatics by sulfur and nitrogen derived from thiourea: Multielement characterizations [J]. Journal of Hazardous Materials, 2016, 311: 43-50.

[51] Zhan M X, Chen T, Lin X Q, et al. Suppression of dioxins after the post-combustion zone of

MSWIs [J]. Waste Management，2016，54：153-161.

[52] Zhang H P, Hou J L, Wang Y B, et al. Adsorption behavior of 2，3，7，8-tetrachlorodibenzo-p-dioxin on pristine and doped black phosphorene：A DFT study [J]. Chemosphere，2017，185：509-517.

[53] Wang Y F, Wang L C, Hsieh L T, et al. Effect of Temperature and CaO Addition on the Removal of Polychlorinated Dibenzo-*p*-dioxins and Dibenzofurans in Fly Ash from a Medical Waste Incinerator [J]. Aerosol and Air Quality Research，2012，12：191-199.

[54] Soler A, Conesa J A, Ortuno N. Inhibiting fly ash reactivity by adding N- and S-containing Compounds [J]. Chemosphere，2018，211：294-301.

[55] Zhan M X, Yu M F, Zhang G X, et al. Low temperature degradation of polychlorinated dibenzo-p-dioxins and dibenzofurans over a VOx-CeOx/TiO$_2$ catalyst with addition of ozone [J]. Waste Management，2018，76：555-565.

[56] Zhan M X, Fu J Y, Ji L J, et al. Comparative analyses of catalytic degradation of PCDD/Fs in the laboratory vs. industrial conditions [J]. Chemosphere，2018，191：895-902.

[57] Wang Q L, Tang M H, Peng Y Q, et al. Ozone assisted oxidation of gaseous PCDD/Fs over CNTs-containing composite catalysts at low temperature [J]. Chemosphere，2018，199：502-509.

[58] Wang Q L, Hung P C, Lu S Y, et al. Catalytic decomposition of gaseous PCDD/Fs over V$_2$O$_5$/TiO$_2$-CNTs catalyst：Effect of NO and NH$_3$ addition [J]. Chemosphere，2016，159：132-137.

[59] Li B H, Deng Z Y, Wang W X, et al. Degradation characteristics of dioxin in the fly ash by washing and ball-milling treatment [J]. Journal of Hazardous Materials，2017，339：191-199.

[60] Chen Z L, Tang M H, Lu S Y, et al. Mechanochemical degradation of PCDD/Fs in fly ash within different milling systems [J]. Chemosphere，2019，223：188-195.

[61] Chen Z L, Mao Q J, Lu S Y, et al. Dioxins degradation and reformation during mechanochemical Treatment [J]. Chemosphere，2017，180：130-140.

[62] Wei G X, Liu H Q, Zhang R, et al. Application of microwave energy in the destruction of dioxins in thefroth product after flotation of hospital solid waste incinerator fly ash [J]. Journal of Hazardous Materials，2017，325：230-238.

[63] Qiu Q L, Chen Q, Jiang X G, et al. Improving microwave-assisted hydrothermal degradation of PCDD/Fs in fly ash with added Na$_2$HPO$_4$ and water-washing pretreatment [J]. Chemosphere，2019，220：1118-1125.

[64] 刘红蕾. 锰基催化剂复合 PPS 滤料的制备及降解二噁英的研究 [D]. 浙江大学，2020.

[65] 戴晓霞. 铈基催化剂催化净化氯苯的反应机制及性能优化研究 [D]. 浙江大学.

[66] 任慧. 量子化学理论在现代化学中应用的研究 [D]. 北京化工大学，2008.

[67] 邹海凤. 碳纳米管吸附二噁英的量子化学理论研究 [D]. 贵州大学，2009.

[68] Yu X，Chang J，Liu X，et al. Theoretical study on the formation mechanism of polychlorinated dibenzothiophenes/thianthrenes from 2-chlorothiophenol molecules [J]. Journal of Environmental Sciences，2018，66（04）：318-327.

[69] 龚锦华. 还原性气氛下氯苯/氯酚高温降解实验和机理研究 [D]. 浙江大学，2021.

[70] Huang H, Buekens A. On the mechanisms of dioxin formation in combustion processes [J]. Chemosphere，1995（9）：4099-4117.

[71] Ishida M, Jin H . A Novel Combustor based on chemical-looping reactions and its reaction kinetics.

Journal of Chemical Engineering of Japan，1994，27（3）：296-301.

[72] Linderholm C，Lyngfelt A，Cuadrat A，et al. Chemical-looping combustion of solid fuels-operation in a 10 kW unit with two fuels，above-bed and in-bed fuel feed and two oxygen carriers，manganese ore and ilmenite. Fuel，2012，102：808-822.

[73] 黄振，何方，赵坤，等. 基于晶格氧的甲烷化学链重整制合成气 [J]. 化学进展，2012，24（08）：1599-1609.

[74] Li X，Li Z，Lu C，et al. Enhanced performance of LaFeO$_3$ oxygen carriers by NiO for chemical looping partial oxidation of methane [J]. Fuel Processing Technology，2022，236：107396.

[75] Abdalla A，Mohamedali M，Mahinpey N. Recent progress in the development of synthetic oxygen carriers for chemical looping combustion applications [J]. Catalysis Today，2023，407：21-51.

[76] Gao P，Zheng M，Li K，et al. Characteristics of nitrogen oxide emissions from combustion synthesis of a CuO oxygen carrier [J]. Fuel Processing Technology，2022，233：107295.

[77] 胡东海，黄戒介，李春玉，等. 固体化学链燃烧技术及污染物释放研究进展 [J]. 洁净煤技术，2020，26（04）：1-10.

[78] Krzywanski J. Modelling of SO$_2$ and NOx Emissions from Coal and Biomass Combustion in Air-Firing，Oxyfuel，iG-CLC，and CLOU Conditions by Fuzzy Logic Approach [J]. Energies，2022，15（21）：8095-8095.

[79] Farajollahi H，Hossainpour S. Macroscopic model-based design and techno-economic assessment of a 300 MWth in-situ gasification chemical looping combustion plant for power generation and CO$_2$ capture [J]. Fuel Processing Technology，2022，231：170244.

[80] Adánez-Rubio I，Tobias M，Marijke J，et al. Development of new Mn-based oxygen carriers using MgO and SiO$_2$ as supports for Chemical Looping with Oxygen Uncoupling (CLOU) [J]. Fuel，2023，337：127177.

[81] Adánez-Rubio I，Sampron I，Izquierdo M T，et al. Coal and biomass combustion with CO$_2$ capture by CLOU process using a magnetic Fe-Mn-supported CuO oxygen carrier [J]. Fuel，2022，314：122742.

[82] Leion H，Mattisson T，Lyngfelt A. The use of petroleum coke as fuel in chemical-looping combustion. Fuel，2007，86（12-13）：1947-1958.

[83] Leion H，Mattisson T，Lyngfelt A. Solid fuels in chemical-looping combustion. International Journal of Greenhouse Gas Control，2008，2（2）：180-193.

[84] Leion H，Lyngfelt A，Mattisson T. Solid fuels in chemical-looping combustion using a NiO-based oxygen carrier. Chemical Engineering Research & Design，2009，87（11A）：1543-1550.

[85] Mattisson T，Leion H，Lyngfelt A. Chemical-looping with oxygen uncoupling using CuO/ZrO$_2$ with petroleum coke. Fuel，2009，88（4）：683-690.

[86] Arjmand M，Leion H，Lyngfelt A，et al. Use of manganese ore in chemical-looping combustion (CLC) -Effect on steam gasification. International Journal of Greenhouse Gas Control，2012，8：56-60.

[87] Shen L H，Wu J H，Xiao J. Experiments on chemical looping combustion of coal with a NiO based oxygen carrier. Combustion and Flame，2009，156（3）：721-728.

[88] Xiao R，Song Q L，Song M，et al. Pressurized chemical-looping combustion of coal with an iron ore-based oxygen carrier. Combustion and Flame，2010，157（6）：1140-1153.

[89] Gu H M, Shen L H, Xiao J, et al. Iron ore as oxygen carrier improved with potassium for chemical looping combustion of anthracite coal. Combustion and Flame, 2012, 159 (7): 2480-2490.

[90] Song T, Wu J H, Zhang H F, et al. Characterization of an Australia hematite oxygen carrier in chemical looping combustion with coal. International Journal of Greenhouse Gas Control, 2012, 11: 326-336.

[91] Gu H M, Shen L H, Xiao J, et al. Evaluation of the effect of sulfur on iron-ore oxygen carrier in chemical-looping combustion. Industrial & Engineering Chemistry Research, 2013, 52 (5): 1795-1805.

[92] Song T, Shen T X, Shen L H , et al. Evaluation of hematite oxygen carrier in chemical-looping combustion of coal. Fuel, 2013, 104: 244-252.

[93] Gayan P, Adanez-Rubio I, Abad A, et al. Development of Cu-based oxygen carriers for Chemical-Looping with Oxygen Uncoupling (CLOU) process. Fuel, 2012, 96 (1): 226-238.

[94] Adanez-Rubio I, Abad A, Gayan P, et al. Identification of operational regions in the Chemical-Looping with Oxygen Uncoupling (CLOU) process with a Cu-based oxygen carrier. Fuel, 2012, 102: 634-645.

[95] Cuadrat A, Abad A, de Diego L F, et al. Prompt considerations on the design of chemical-looping combustion of coal from experimental tests. Fuel, 2012, 97: 219-232.

[96] Cuadrat A, Abad A, Garcia-Labiano F, et al. Effect of operating conditions in chemical-looping combustion of coal in a 500 W_{th} unit. International Journal of Greenhouse Gas Control, 2012, 6: 153-163.

[97] Wang J X, Zhao H B . Evaluation of CaO-decorated Fe_2O_3/Al_2O_3 as an oxygen carrier for in-situ gasification chemical looping combustion of plastic wastes. Fuel, 2016, 165: 235-243.

[98] Wang J X , Zhao H B . Application of CaO-decorated iron ore for inhibiting chlorobenzene during in situ gasification chemical looping combustion of plastic waste. Energy & Fuels, 2016, 30 (7): 5999-6008.

[99] Ma J, Zhao H, Tian X , et al. Chemical looping combustion of coal in a $5kW_{th}$ interconnected fluidized bed reactor using hematite as oxygen carrier. Energy & Fuels, 2015, 29 (5): 304-313.

[100] Chen L Y , Zhang Y, Liu F , et al. Development of a cost-effective oxygen carrier from red mud for coal-fueled chemical-looping combustion. Energy & Fuels, 2015, 29 (1): 305-313.

[101] Wang P, Means N, Howard B H, et al. The reactivity of CuO oxygen carrier and coal in Chemical-Looping with Oxygen Uncoupled (CLOU) and In-situ Gasification Chemical-Looping Combustion (iG-CLC) [J]. Fuel, 2018, 217 : 642-649.

[102] Pérez-Vega R, Abad A, Gayán P, et al. Development of (Mn0. 77Fe0. 23)$_2O_3$ particles as an oxygen carrier for coal combustion with CO_2 capture via in-situ gasification chemical looping combustion (iG-CLC) aided by oxygen uncoupling (CLOU) [J]. Fuel Processing Technology, 2017, 164: 69-79.

[103] Schmitz M, Linderholm C J, Lyngfelt A. Chemical looping combustion of four different solid fuels using a manganese-silicon-titanium oxygen carrierInt. J. Greenhouse Gas Control, 2018, 70: 88-96.

[104] Mendiara T, de Diego L F, Garcia-Labiano F, et al. On the use of a highly reactive iron ore in chemical looping combustion of different coals. Fuel, 2014, 126: 239-249.

[105] Yang W J, Zhao H B, Wang K, et al. Synergistic effects of mixtures of iron ores and copper ores as oxygen carriers in chemical-looping combustion. Proceedings of the Combustion Institute, 2015, 35: 2811-2818.

[106] Tian X, Zhao H B, Wang K, et al. Performance of cement decorated copper ore as oxygen carrier in chemical-looping with oxygen uncoupling. International Journal of Greenhouse Gas Control, 2015, 41: 210-218.

[107] Mendiara T, Abad A, de Diego L F, et al. Use of an Fe-based residue from alumina production as an oxygen carrier in chemical-looping combustion. Energy & Fuels, 2012, 26 (2): 1420-1431.

[108] Song T, Shen L H, Zhang S W, et al. Performance of hematite/Ca2Al2SiO7 oxygen carrier in chemical looping combustion of coal. Industrial & Engineering Chemistry Research, 2013, 52 (22): 7350-7361.

[109] Shen L H , Wu J H, Gao Z P, et al. Characterization of chemical looping combustion of coal in a 1 kWth reactor with a nickel-based oxygen carrier. Combustion and Flame, 2010, 157 (5): 934-942.

[110] Arjmand M, Azad A M, Leion H, et al. Evaluation of CuAl2O4 as an oxygen carrier in chemical-looping combustion. Industrial & Engineering Chemistry Research, 2012, 51 (43): 13924-13934.

[111] Shen L H, Wu J H, Gao Z P, et al. Reactivity deterioration of NiO/Al2O3 oxygen carrier for chemical looping combustion of coal in a 10 kWth reactor. Combustion and Flame, 2009, 156 (7): 1377-1385.

[112] Zafar Q, Abad A, Mattisson T, et al. Reduction and oxidation kinetics of Mn3O4/Mg-ZrO2 oxygen carrier particles for chemical-looping combustion. Chemical Engineering Science, 2007, 62 (23): 6556-6567.

[113] Shulman A, Cleverstam E, Mattisson T, et al. Manganese/iron, manganese/nickel, and manganese/silicon oxides used in Chemical-Looping With Oxygen Uncoupling (CLOU) for combustion of methane. Energy & Fuels, 2009, 23: 5269-5275.

[114] Song H, Shah K, Doroodchi E, et al. Reactivity of Al_2O_3- or SiO_2-supported Cu-, Mn-, and Co-based oxygen carriers for chemical looping air separation. Energy & Fuels, 2014, 28 (2): 1284-1294.

[115] Song T, Zheng M, Shen L H, et al. Mechanism investigation of enhancing reaction performance with $CaSO_4/Fe_2O_3$ oxygen carrier in chemical-looping combustion of coal. Industrial & Engineering Chemistry Research, 2013, 52 (11): 4059-4071.

[116] Zheng M, Shen L H, Feng X Q. In situ gasification chemical looping combustion of a coal using the binary oxygen carrier natural anhydrite ore and natural iron ore. Energy Conversion and Management, 2014, 83: 270-283.

[117] Monazam E R, Breault R W, Siriwardane R, et al. Kinetics of the reduction of hematite (Fe_2O_3) by methane (CH_4) during chemical looping combustion: A global mechanism. Chemical Engineering Journal, 2013, 232: 478-487.

[118] Monazam E R, Breault R W, Siriwardane R. Reduction of hematite (Fe_2O_3) to wustite (FeO) by carbon monoxide (CO) for chemical looping combustion. Chemical Engineering Journal, 2014, 242: 204-210.

[119] Monazam E R , Breault R W, Siriwardane R. Kinetics of hematite to wustite by hydrogen for

chemical looping combustion. Energy & Fuels, 2014, 28 (8): 5406-5414.

[120] Monazam E R, Breault R W, Siriwardane R, et al. Thermogravimetric analysis of modified hematite by methane (CH₄) for chemical-looping combustion: A global kinetics mechanism. Industrial & Engineering Chemistry Research, 2013, 52 (42): 14808-14816.

[121] Monazam E R, Breault R W, Siriwardane R. Kinetics of magnetite (Fe₃O₄) oxidation to hematite (Fe₂O₃) in air for chemical looping combustion. Industrial & Engineering Chemistry Research, 2014, 53 (34): 13320-13328.

[122] Zhang Y X, Doroodchi E, Moghtaderi B. Reduction kinetics of Fe₂O₃/Al₂O₃ by ultralow concentration methane under conditions pertinent to chemical looping combustion. Energy & Fuels, 2015, 29 (1): 337-345.

[123] Nasr S, Plucknett K P. Kinetics of iron ore reduction by methane for chemical looping combustion. Energy & Fuels, 2014, 28 (2): 1387-1395.

[124] Song H, Doroodchi E, Moghtaderi B. Redox characteristics of Fe-Ni/SiO₂ bimetallic oxygen carriers in CO under conditions pertinent to chemical looping combustion. Energy & Fuels, 2012, 26 (1): 75-84.

[125] Bhavsar S, Veser G. Reducible supports for Ni-based oxygen carriers in chemical looping combustion. Energy & Fuels, 2013, 27 (4): 2073-2084.

[126] Dueso C, Ortiz M, Abad A, et al. Reduction and oxidation kinetics of nickel-based oxygen-carriers for chemical-looping combustion and chemical-looping reforming. Chemical Engineering Journal, 2012, 188: 142-154.

[127] Zafar Q, Abad A, Mattisson T, et al. Reaction kinetics of freeze-granulated NiO/MgAl₂O₄ oxygen carrier particles for chemical-looping combustion. Energy & Fuels, 2007, 21 (2): 610-618.

[128] Song H, Shah K, Doroodchi E, et al. Analysis on chemical reaction kinetics of CuO/SiO₂ oxygen carriers for chemical looping air separation. Energy & Fuels, 2014, 28 (1): 173-182.

[129] Clayton C K, Sohn H Y, Whitty K J. Oxidation kinetics of Cu₂O in oxygen carriers for chemical looping with oxygen uncoupling. Industrial & Engineering Chemistry Research, 2014, 53 (8): 2976-2986.

[130] Clayton C K, Whitty K J. Measurement and modeling of decomposition kinetics for copper oxide-based chemical looping with oxygen uncoupling. Applied Energy, 2014, 116: 416-423.

[131] Castillo T D, Gutierrez J S, Ortiz A L, et al. Global kinetic evaluation during the reduction of Co-WO₄ with methane for the production of hydrogen. International Journal of Hydrogen Energy, 2013, 38 (28): 12519-12526.

[132] Saha C, Bhattacharya S. Determination and comparison of CuO reduction/oxidation kinetics in CLC experiments with CO/air by the shrinking core model and its characterization. Energy & Fuels, 2014, 28 (5): 3495-3510.

[133] Arjmand M, Keller M, Leion H, et al. Oxygen release and oxidation rates of MgAl₂O₄-supported CuO oxygen carrier for Chemical-Looping Combustion with Oxygen Uncoupling (CLOU). Energy & Fuels, 2012, 26 (11): 6528-6539.

[134] Kronberger B, A. Lyngfelt, G. Löffler, et al. Design and fluid dynamic analysis of a bench-scale combustion system with CO₂ separation-Chemical-Looping Combustion. Industrial & Engineering Chemistry Research, 2005, 44 (3): 546-556.

[135] Berguerand N., Lyngfelt A. Design and operation of a 10 kWth chemical-looping combustor for solid fuels - Testing with South African coal. Fuel, 2008, 87 (12): 2713-2726.

[136] Berguerand N, Lyngfelt A. Chemical-looping combustion of petroleum coke using ilmenite in a 10 kWth unit-high-temperature operation. Energy & Fuels, 2009, 23 (10): 5257-5268.

[137] Markström P, Lyngfelt A. Designing and operating a cold-flow model of a 100kW chemical-looping combustor. Powder Technology, 2012, 222: 182-192.

[138] Linderholm C, Schmitz M, Knutsson P, et al. Use of low-volatile solid fuels in a 100kW chemical-looping combustor. Energy & Fuels, 2014, 28 (9): 5942-5952.

[139] Markström P, Linderholm C, Lyngfelt A. Operation of a 100kW chemical-looping combustor with Mexican petroleum coke and Cerrejón coal. Applied Energy, 2014, 113: 1830-1835.

[140] de Diego L F, Garcia-Labiano F, Gayan P, et al. Operation of a 10 kWth chemical-looping combustor during 200 h with a $CuO-Al_2O_3$ oxygen carrier. Fuel, 2007, 86 (7-8): 1036-1045.

[141] Adánez J, Gayán P, Celaya J, et al. Chemical looping combustion in a 10 kWth prototype using a CuO/Al_2O_3 oxygen carrier: Effect of operating conditions on methane combustion. Industrial & Engineering Chemistry Research, 2006, 45 (17): 6075-6080.

[142] Kim H R, Wang D W, Zeng L, et al. Coal direct chemical looping combustion process: Design and operation of a 25-kW_{th} sub-pilot unit. Fuel, 2013, 108: 370-384.

[143] Bayham S C, Kim H R, Wang D W, et al. Iron-based coal direct chemical looping combustion process: 200-h continuous operation of a 25-kW_{th} subpilot unit. Energy & Fuels, 2013, 27 (3): 1347-1356.

[144] Sridhar D, Tong A., Kim H, et al. Syngas chemical looping process: Design and construction of a 25 kW_{th} subpilot unit. Energy & Fuels, 2012, 26 (4): 2292-2302.

[145] Pérez-Vega R, Abad A, García-Labiano F, et al. Coal combustion in a 50kW th Chemical Looping Combustion unit: Seeking operating conditions to maximize CO_2 capture and combustion efficiency [J]. International Journal of Greenhouse Gas Control, 2016, 50: 80-92.

[146] Yang J, Ma L, Tang J, et al. Chemical thermodynamics analysis for in-situ gasification chemical looping combustion of lignite with phosphogypsum for syngas [J]. Applied Thermal Engineering, 2017, 112: 516-522.

[147] Bao J, Li Z, Sun H, et al. Continuous test of ilmenite-based oxygen carriers for chemical looping combustion in a dual fluidized bed reactor system. Industrial & Engineering Chemistry Research, 2013, 52 (42): 14817-14827.

[148] Ma J C, Zhao H B, Tian X, et al. Chemical looping combustion of coal in a 5 kW_{th} interconnected fluidized bed reactor using hematite as oxygen carrier. Applied Energy, 2015, 157: 304-313.

[149] Strohle J, Orth M, Epple B. Design and operation of a 1MW_{th}, chemical looping plant. Applied Energy, 2014, 113 (C): 1490-1495.

[150] Abad A, Pérez-Vega R, de Diego L F, et al. Design and operation of a 50 kW_{th} Chemical Looping Combustion (CLC) unit for solid fuels. Applied Energy, 2015, 157: 295-303.

[151] Zhu H M, Jiang X G, Yan J H, et al. TG-FTIR analysis of PVC thermal degradation and HCl removal. Journal of Analytical and Applied Pyrolysis, 2008, 82 (1): 1-9.

[152] Lundin L, Gomez-Rico M F, Forsberg C, et al. Reduction of PCDD, PCDF and PCB during co-combustion of biomass with waste products from pulp and paper industry. Chemosphere, 2013,

91（6）：797-801.

[153] Grandesso E Gullett B, Touati A, et al. Effect of moisture, charge size, and chlorine concentration on PCDD/F emissions from simulated open burning of forest biomass. Environmental science & technology, 2011, 45（9）：3887-3894.

[154] Lu R, Purushothama S, Yang X D, et al. TG/FTIR/MS study of organic compounds evolved during the co-firing of coal and refuse-derived fuels. Fuel Processing Technology, 1999, 59（1）：35-50.

[155] Shen L H, Gao Z P, Wu J H, et al. Sulfur behavior in chemical looping combustion with NiO/Al$_2$O$_3$ oxygen carrier. Combustion and Flame, 2010, 157（5）：853-863.

[156] Wang B, Yan R, Lee D H, et al. Thermodynamic investigation of carbon deposition and sulfur evolution in chemical looping combustion with syngas. Energy & Fuels, 2008, 22（2）：1012-1020.

[157] Solunke R D, Veser G. Integrating desulfurization with CO$_2$-capture in chemical-looping combustion. Fuel, 2011, 90（2）：608-617.

[158] 董长青, 霍小华, 张俊姣, 等. 载氧体与氯化氢反应的热力学分析和实验研究. 燃烧科学与技术, 2010, 16（6）：537-541.

[159] Shah K, Moghtaderi B, Wall T. Selection of suitable oxygen carriers for chemical looping air separation：A thermodynamic approach. Energy & Fuels, 2012, 26（4）：2038-2045.

[160] Kierzkowska A M, Boh C D, Scott S A, et al. Development of iron oxide carriers for chemical looping combustion using Sol-Gel. Industrial & Engineering Chemistry Research, 2010, 49（11）：5383-5391.

[161] Abad A, Garcíalabiano F, Diego L, et al. Reduction kinetics of Cu-, Ni-, and Fe-based oxygen carriers using syngas（CO + H$_2$）for chemical-looping combustion. Energy & Fuels, 2007, 21（4）：1843-1853.

[162] 方圆, 罗光前, 陈超, 等. 微型流化床中原位焦和冷却焦燃烧动力学研究. 燃烧科学与技术, 2016, 22（2）：148-154.

[163] Fang Y, Luo G Q, Li J, et al. Kinetic study on in-situ and cooling char combustion in a two-step reaction analyzer. Proceedings of the Combustion Institute, 2016, 000：1-8.

[164] Gao Q, Budarin V, Cieplik M, et al. PCDDs, PCDFs and PCNs in products of microwave-assisted pyrolysis of woody biomass-distribution among solid, liquid and gaseous phases and effects of material composition. Chemosphere, 2016, 145：193-199.

[165] Gorzata W M, Ryszard C, Anna M, et al. Study on the determination of PCDDs/Fs and HCB in exhaust gas. Chemosphere, 2011, 85（3）：481-486.

[166] Bao J H, Li Z S, Cai N S. Promoting the reduction reactivity of ilmenite by introducing foreign ions in chemical looping combustion. Industrial & Engineering Chemistry Research, 2013, 52（18）：6119-6128.

[167] Sharara M A, Holeman N, Sadaka S S, et al. Pyrolysis kinetics of algal consortia grown using swine manure wastewater. Bioresource Technology, 2014, 169：658-666.

[168] Wang J X, Zhao H B. Thermogravimetric analysis of rubber glove pyrolysis by different iso-conversional methods. Waste and Biomass Valorization, 2015, 6：527-533.

[169] Wang C B, Wang J X, Lei M, et al. Investigations on combustion and NO emission characteristics of coal and biomass blends. Energy & Fuels, 2013, 27（10）：6185-6190.

[170] Cabello A, Abad A, Garcia-Labiano F, et al. Kinetic determination of a highly reactive impregnated Fe_2O_3/Al_2O_3 oxygen carrier for use in gas-fueled chemical looping combustion [J]. Chemical Engineering Journal, 2014, 258: 265-280.

[171] Chiu P C, Ku Y, Wu H C, et al. Chemical looping combustion of polyurethane and polypropylene in an annular dual-tube moving bed reactor with iron-based oxygen carrier. Fuel, 2014, 135: 146-152.

[172] Yang W J, Zhao H B, Ma J C, et al. Copper-decorated hematite as an oxygen carrier for in situ gasification chemical looping combustion of coal. Energy & Fuels, 2014, 28 (6): 3970-3981.

[173] Mei D F, Abad A, Zhao HB, et al. On a Highly Reactive Fe_2O_3/Al_2O_3 oxygen carrier for in situ gasification chemical looping combustion. Energy & Fuels, 2014, 28 (11): 7043-7052.

[174] Wang J X, Zhao H B. Chemical looping dechlorination through adsorbent-decorated Fe_2O_3/Al_2O_3 oxygen carriers. Combustion and Flame, 2015, 162 (10): 3503-3515.

[175] Johansson M, Mattisson T, Lyngfelt A, et al. Using continuous and pulse experiments to compare two promising nickel-based oxygen carriers for use in chemical-looping technologies. Fuel, 2008, 87 (6): 988-1001.

[176] Sedghkerdar M H, Mahinpey N, Sun Z K, et al. Novel synthetic sol-gel CaO based pellets using porous mesostructured silica in cyclic CO_2 capture process. Fuel, 2014, 127: 101-108.

[177] Angeli S D, Martavaltzi C S, Lemonidou A A. Development of a novel-synthesized Ca-based CO_2 sorbent for multicycle operation: Parametric study of sorption. Fuel, 2014, 127: 62-69.

[178] Zhao H B, Wang K, Fang Y F, et al. Characterization of natural copper ore as oxygen carrier in chemical-looping with oxygen uncoupling of anthracite. International Journal of Greenhouse Gas Control, Mar, 2014, 22: 154-164.

[179] Zhao H B, Mei D F, Ma J C, et al. Comparison of preparation methods for iron-alumina oxygen carrier and its reduction kinetics with hydrogen in chemical looping combustion. Asia-Pacific Journal of Chemical Engineering, 2014, 9 (4): 610-622.

[180] Janković B. Kinetic analysis of the nonisothermal decomposition of potassium metabisulfite using the model-fitting and isoconversional (model-free) methods. Chemical Engineering Journal, 2008, 139 (1): 128-135.

[181] Niu X, Shen L H, Gu H M, et al. Sewage sludge combustion in a CLC process using nickel-based oxygen carrier. Chemical Engineering Journal, 2015, 260: 631-641.

[182] Mendiara T, Garcia-Labiano F, Gayan P, et al. Evaluation of the use of different coals in chemical looping combustion using a bauxite waste as oxygen carrier. Fuel, 2013, 106: 814-826.

[183] Zhou H, Meng A H, Long Y Q, et al. A review of dioxin-related substances during municipal solid waste incineration. Waste Management, 2015, 36: 106-118.

[184] Wang J X, Zhao H B. Evaluation of CaO-decorated Fe_2O_3/Al_2O_3 as an oxygen carrier for in-situ gasification chemical looping combustion of plastic wastes. Fuel, 2016, 165: 235-243.

[185] Wang Y F, Wang L C, Hsieh L T, et al. Effect of temperature and CaO addition on the removal of polychlorinated dibenzo-p-dioxins and dibenzofurans in fly ash from a medical waste incinerator. Aerosol and Air Quality Research, 2012, 12 (2): 191-199.

[186] Stanmore B R. The formation of dioxins in combustion systems. Combustion and Flame, 2004, 136 (3): 398-427.

[187] Chen Y, Zhao R Z, Xue J, et al. Generation and distribution of PAHs in the process of medical waste incineration. Waste Management, 2013, 33 (5): 1165-1173.

[188] Liu W B, Tian Z Y, Li H F, et al. Mono- to Octa-chlorinated PCDD/Fs in stack gas from typical waste incinerators and their implications on emission. Environmental science & technology, 2013, 47 (17): 9774-9780.

[189] Wang D, Xu X, Zheng M, et al. Effect of copper chloride on the emissions of PCDD/Fs and PAHs from PVC combustion. Chemosphere, 2002, 48 (8): 857-863.

[190] Weidemann E, Marklund S, Bristav H, et al. In-filter PCDF and PCDD formation at low temperature during MSWI combustion. Chemosphere, 2014, 102: 12-17.

[191] Lin X, Yan M, Dai A, et al. Simultaneous suppression of PCDD/F and NOx during municipal solid waste incineration. Chemosphere, 2015, 126: 60-66.

[192] 梁宝瑞, 赵荣志, 张文伯等. 钢铁行业二噁英的形成机理及降解方法研究现状 [J]. 中国冶金, 2021, 31 (02): 1-5.

[193] 俞强, 刘辉. 城市污泥处理处置研究现状综述 [J]. 工业技术与职业教育, 2013, 11 (02): 1-3.

[194] 王金星, 魏书洲, 宋海文, 等. 化学链燃烧抑制二噁英生成技术研究进展 [J]. 动力工程学报, 2022, 42 (02): 101-108.

[195] Ceci R, Diletti G, Bellocci M, et al. Brominated and chlorinated contaminants in food (PCDD/Fs, PCBs, PBDD/Fs PBDEs): Simultaneous determination and occurrence in Italian produce [J]. Chemosphere, 2022, 288: 132445.

[196] 王肇嘉, 秦玉, 顾军, 等. 生活垃圾焚烧飞灰二噁英控制技术研究进展 [J]. 环境工程, 2021, 39 (10): 116-123.

[197] 吕家扬, 颖林, 蔡凤珊, 等. 市政污泥与生活垃圾协同焚烧二噁英排放特征及毒性当量平衡 [J]. 华南师范大学学报 (自然科学版), 2020, 52 (05): 31-40.

[198] Wang Y, Qian L, Yu Z, et al. Inhibition Behavior of PCDD/Fs Congeners by Addition of N-containing Compound in the Iron Ore Sintering [J]. Aerosol and Air Quality Research, 2020. 20 (11): 2568-2579.

[199] Qian L, Wang Y, Liu M, et al., Performance evaluation of urea injection on the emission reduction of dioxins and furans in a commercial municipal solid waste incinerator [J]. Process Safety and Environmental Protection, 2021. 146: 577-585.

[200] Han Z, Li J, Gu T, et al. Effects of torrefaction on the formation and distribution of dioxins during wood and PVC pyrolysis: An experimental and mechanistic study [J]. Journal of Analytical and Applied Pyrolysis, 2021, 157: 105240.

[201] Zhong R, Cai J, Yan F, et al. Process tracing and partitioning behaviors of PCDD/Fs in the post-combustion zone from a full-scale municipal solid waste incinerator in southern China [J]. Environmental Technology & Innovation, 2021, 23: 101789.

[202] Gandon-Ros G, Nuñez S S, ORCID, Ortuño N, et al. A Win-Win Combination to Inhibit Persistent Organic Pollutant Formation via the Co-Incineration of Polyvinyl Chloride E-Waste and Sewage Sludge. Polymers, 2021, 13 (5): 835.

[203] Keller M, Leion H, Mattisson T, et al. Gasification inhibition in chemical-looping combustion with solid fuels. Combustion and Flame, 2011, 158: 393-400.

[204] Yaqub Z T, Oboirien B O, Hedberg M, et al. Experimental Evaluation Using Plastic Waste, Pa-

per Waste, and Coal as Fuel in a Chemical Looping Combustion Batch Reactor. Chemical Engineering & Technology, 2021, 44: 1075-1083.

[205] Leion H, Mattisson T, Lyngfelt, A. The use of petroleum coke as fuel in chemical-looping combustion. Fuel, 2007, 86: 1947-1958.

[206] Bajamundi C J E, Vainikka P, Hedman M, et al. Towards controlling PCDD/F production in a multi-fuel fired BFB boiler using two sulfur addition strategies. Part I: Experimental campaign and results. Fuel, 2014, 134: 677-687.

[207] Liu M C, Chang S H, Chang M B. Catalytic hydrodechlorination of PCDD/Fs from condensed water with Pd/g-Al$_2$O$_3$. Chemosphere, 2016, 154: 583-589.

[208] Zhou X J, Buekens A, Li X D, et al. Adsorption of polychlorinated dibenzo-p-dioxins/ dibenzofurans on activated carbon from hexane. Chemosphere, 2016, 144: 1264-1269.

[209] Ren M, Lv Z, Xu L, et al. Partitioning and removal behaviors of PCDD/Fs, PCBs and PCNs in a modern municipal solid waste incineration system. Science of the Total Environment, 2020, 735: 1-8.

[210] Maric J, Vilches T B, Pissot S, et al.. Emissions of dioxins and furans during steam gasification of Automotive Shredder residue: experiences from the Chalmers 2-4-MW indirect gasifier. Waste Management, 2020, 102: 114-121.

[211] Zhang M, Yang J, Buekens A, et al. PCDD/F catalysis by metal chlorides and oxides. Chemosphere, 2016, 159: 536-544.

[212] Lin S L, Lee K L, Wu J L, et al. Effects of a quenching treatment on PCDD/F reduction in the bottom ash of a lab waste incinerator to save the energy and cost incurred from postthermal Treatment. Waste Manage, 2019, 95: 316-324.

[213] Chen Z, Lin X, Lu S, et al. Suppressing formation pathway of PCDD/Fs by S-N-containing compound in full-scale municipal solid waste incinerators. Chem Eng J, 2019, 359: 1391-1399.

[214] Chen Z, Lin X, Lu S, et al. Formation pathways of PCDD/Fs during the co-combustion of municipal solid waste and coal. Chemosphere, 2018, 208: 862-870.

[215] Hua X, Wang W. Chemical looping combustion: A new low-dioxin energy conversion technology. J Environ Sci-China, 2015, 32: 135-145.

[216] Zhang R, Zhuang T, Zhang Q, et al. Mechanistic studies on the dibenzofuran and dibenzopdioxin formation reactions from anthracene. Science of the Total Environment, 2019, 662: 41-47.

[217] Cai P, Zhan M, Ma H, et al.. Pollutant Emissions during Co-incineration of Landfifill Material Refuse-Derived Fuel in a Lab-Scale Municipal Solid Waste Incineration Fluidized Bed Furnace. Energy Fuels, 2020, 34: 2346-2354.

[218] Fujimori T, Toda A, Mukai K, et al. Incineration of carbon nanomaterials with sodium chloride as a potential source of PCDD/Fs and PCBs. J Hazardous Mater, 2020, 382: 1-7.

[219] Ma H, Du N, Lin X, et al. Inhibition of element sulfur and calcium oxide on the formation of PCDD/Fs during co-combustion experiment of municipal solid waste. Sci Total Environ, 2018, 633: 1263-1271.

[220] Wang J X, Zhao H. Application of CaO-decorated iron ore for inhibiting chlorobenzene during insitu gasification chemical looping combustion of plastic waste. Energy & Fuels, 2016, 30 (7): 5999-6008.

[221] Zhao H, Wang J. Chemical-looping combustion of plastic wastes for in situ inhibition of dioxins. Combust Flame, 2018, 191: 9-18.

[222] Pham M T N Anh H Q, Nghiem X T, et al. Characterization of PCDD/Fs and dioxin-like PCBs in flue gas from thermal industrial processes in Vietnam: A comprehensive investigation on emission profiles and levels [J]. Chemosphere. 2019, 225: 238-246.

[223] Ren M, Lv Z, Xu L, et al Partitioning and removal behaviors of PCDD/Fs, PCBs and PCNs in a modern municipal solid waste incineration system [J]. Science of the Total Environment, 2020, 735: 1-8.

[224] Maric J, Vilches T B, Pissot S, et al. Gyllenhammar, M. Seemann, Emissions of dioxins and furans during steam gasifification of Automotive Shredder residue: experiences from the Chalmers 2-4-MW indirect gasififier [J]. Waste Management, 2020, 102: 114-121.

[225] Zhao H, Wang J. Chemical-looping combustion of plastic wastes for in situ inhibition of dioxins [J]. Combust Flame, 2018, 191: 9-18.

[226] Wang J, Song H, Zhang Y, et al. Function pathways of CaO decoration on the internal transformation of PCDD/Fs isomers for chemical looping combustion of plastic waste [J]. Energ Fuel, 2021, 35: 1741-1749.

[227] Zhang S, Jiang X, Lv G, et al. Co-combustion of Shenmu coal and pickling sludge in a pilot scale drop-tube furnace: Pollutants emissions in flue gas and fly ash [J]. Fuel Processing Technology, 2019, 184: 57-64.

[228] Ying Y, Ma Y, Li X, et al. Emission and migration of PCDD/Fs and major air pollutants from co-processing of sewage sludge in brick kiln [J]. Chemosphere, 2021, 265: 129120.

[229] Dharmarathne N K, Mackie J C, Kennedy E M, et al. Mechanism and Rate of Thermal Decomposition of Hexachlorocyclopentadiene and Its Importance in PCDD/F Formation from the Combustion of Cyclodiene Pesticides. Journal of Physical Chemistry A, 2017, 121 (31): 5871-5883.

[230] Altarawneh M, Saeed A, Al-Harahsheh M, et al. Thermal decomposition of brominated flame retardants (BFRs): Products and mechanisms. Progress in Energy and Combustion Science, 2019, 70: 212-259.

[231] Pérez M G, Sánchez C. Analysis on the genotoxicity of glyphosate using the theory of the electron transfer coefficient of quantum chemistry. Mexican Journal of Biotechnology, 2020, 5 (1): 43-53.

[232] Zou C, Wang C, Anthony E. The effect of CO on the transformation of arsenic species: A quantum chemistry study. Energy, 2019, 187: 116024.

[233] Kennedy E M, Mackie J C. Mechanism of the Thermal Decomposition of Chlorpyrifos and Formation of the Dioxin Analog, 2, 3, 7, 8-Tetrachloro-1, 4-dioxino- dipyridine (TCDDpy) . Environmental Science & Technology, 2018, 52 (13): 7327-7333.

[234] Wang J, Song H, Zhang Y et al. Function pathways of CaO decoration on the internal transformation of PCDD/Fs isomers for chemical looping combustion of plastic waste. Energy & Fuels, 2021, 35: 1741-1749.

[235] Wu G, Sun Y, Xie J, et al. Research on pollution prevention and control BAT of PCDD/Fs in secondary copper industry. Ecotoxicology and Environmental Safety, 2019, 181: 308-311.

[236] Ji S S, Yong R, Buekens A, et al. Treating PCDD/Fs by combined catalysis and activated carbon

adsorption. Chemosphere, 2014, 102: 31-36.

[237] Zhan M X, Fu J Y, Ji L J, et al. Comparative analyses of catalytic degradation of PCDD/Fs in the laboratory vs. industrial conditions. Chemosphere, 2018, 191: 895-902.

[238] Xoa A, Ns A, Go B, et al. Photochemical degradation of persistent organic pollutants (PCDD/FS, PCBS, PBDES, DDTS and HCB) IN hexane and FISH oil. Chemosphere, 2022, 301: 134587.

[239] Shyr J J, Hsiung T C, Wakana A. Effects of ozonated water treatment and modified atmosphere package on the decay and color of Wax apple fruit (Jsyzygium samarangense [Blume] Merrill and L. M. Perry) during storage. Journal- Faculty of Agriculture Kyushu University, 2017, 62 (2): 353-359.